国家自然科学基金青年基金项目(52304241)

山东省自然科学基金青年基金项目(ZR2022QE196)

零碳气体燃料预混火焰传播特性研究

陈　旭　赵文彬　著

东南大学出版社

SOUTHEAST UNIVERSITY PRESS

· 南京 ·

内 容 提 要

氢气和氨气都是未来的碳中和燃料，"氢氨融合"是国际清洁能源前瞻性、颠覆性、战略性的技术发展方向，是解决氢能发展的重大瓶颈的有效途径。本书是作者在项目实践过程中对经验和科研成果的总结。通过自搭建的可燃气体爆特性实验测试系统，针对氢气和氨气这两种清洁气体燃料开展了详细的层流燃烧与火焰稳定性研究，确定了不同气体燃料火焰演化过程分析和层流燃烧速度提取方法，更新了清洁气体燃料燃烧数据库，揭示了火焰不稳定性作用机制，主要以理论和测试研究为主，内容详实，可供从事安全科学与工程、气体燃料燃烧等领域研究和学习的科研工作者、研究生和本科生参考。

图书在版编目(CIP)数据

零碳气体燃料预混火焰传播特性研究 / 陈旭,赵文彬著. —南京：东南大学出版社，2023.12
　ISBN 978-7-5766-1066-6

Ⅰ. ①零…　Ⅱ. ①陈…　②赵…　Ⅲ. ①可燃气体—燃烧—研究　Ⅳ. ①TQ038.1

中国国家版本馆 CIP 数据核字(2023)第 246799 号

责任编辑：贺玮玮　　责任校对：韩小亮　　封面设计：毕真　　责任印制：周荣虎

零碳气体燃料预混火焰传播特性研究
Lingtan Qiti Ranliao Yuhun Huoyan Chuanbo Texing Yanjiu

著　　者：陈　旭　赵文彬	
出版发行：东南大学出版社	
出 版 人：白云飞	
社　　址：南京四牌楼 2 号　邮编：210096	
网　　址：http://www.seupress.com	
经　　销：全国各地新华书店	
印　　刷：江苏凤凰数码印务有限公司	
开　　本：787 mm×1092 mm　1/16	
印　　张：9.75	
字　　数：195 千字	
版　　次：2023 年 12 月第 1 版	
印　　次：2023 年 12 月第 1 次印刷	
书　　号：ISBN 978-7-5766-1066-6	
定　　价：49.00 元	

本社图书若有印装质量问题，请直接与营销部联系。电话(传真)：025-83791830。

前　言

PREFACE

　　能源是人类社会生存和发展的重要基础，当今世界能源短缺和环境污染问题日益严重，因此寻找可替代的清洁燃料已迫在眉睫。氢气作为典型清洁燃料，可有效地解决污染问题，但氢气制备成本昂贵，且因其高反应活性，在生产、储存和运输过程中极易发生燃烧爆炸事故，这也导致纯氢燃料难以普及。氨气作为一种工业上常用的原料，在燃烧时同样不会产生碳排放，而且反应活性低、燃烧速度慢，如果将其与高反应活性的氢气进行组合，可有效解决目前的能源需求和环境污染问题。预混可燃气体的基础燃烧特性对气体燃料的开发和利用以及火灾爆炸事故的预防都具有重要的指导意义，本书对氢气、氨气及其复合燃料/氧化剂混合物的层流燃烧和火焰稳定性进行了系统研究。

　　根据实验需求，本书建立了可燃气体层流燃烧特性研究实验系统，利用高速摄影、纹影系统捕捉并记录了预混火焰传播轨迹，对火焰传播过程进行了分析，讨论了点火能量、壁面约束和火焰不稳定性等因素对火焰传播过程的影响，确定了层流燃烧速度外推方法及有效实验数据范围，研究了当量比和初始压力等因素对氢气、氨气单一燃料/氧化剂混合物火焰传播过程的影响，获得了一系列不同当量比和初始压力条件下氢气/空气、氢气/氧气和氨气/氧气混合物的层流燃烧速度；针对低燃烧速度气体混合物火焰受浮力影响变形的问题，分析了低速火焰演化过程，提出了层流燃烧速度的确定方法，对氨气/空气混合物的层流燃烧速度进行了测定；给出了层流燃烧速度随当量比和初始压力变化的经验拟合公式，拓宽了实验数据的使用范围。利用现有化学反应机理模型对层流燃烧速度进行了理论预测，并与实验结果进行了对比，从而得到现有机理模型的适用条件及其预测能力。

　　在定容燃烧室内，本书对氢气/氨气复合燃料/空气混合物的火焰传播过程开展了实验研究，得到了预混可燃气体混合物在不同燃料配比、当量比和初始压力条件下的层流燃烧速度，探讨了燃料配比、初始压力和当量比对层流燃烧速度的影响规律，

1

并根据实验结果得出了层流燃烧速度的经验拟合公式,所得公式可以很好地预测给定工况范围内任意氢气比例下复合燃料/氧化剂混合物的层流燃烧速度。利用Chemkin-pro软件对层流燃烧速度进行了理论预测,采用预测能力较好的UT-LCS机理模型对氨气燃料火焰开展了详细的化学反应动力学研究,明确了燃料主要的消耗路径,发现了氢气比例的增大对燃料消耗速率的影响规律。同时开展了不同燃料/氧化剂混合物火焰稳定性的研究。运用得到的火焰图像,分析了不同燃料/氧化剂混合物火焰传播过程中的不稳定现象,探索了燃料配比、当量比和初始压力对火焰不稳定性的影响规律。得到了一系列不同实验条件下的火焰稳定性表征参数,结合火焰形貌和表面结构状态,对预混可燃气体的热-质扩散不稳定性、流体力学不稳定性和体积力不稳定性进行了研究,明确了火焰内在不稳定性的影响机制。

本书针对氢气和氨气这两种清洁气体燃料开展了详细的火焰传播特性研究,获得的层流燃烧速度数据对化学反应机理的开发和验证具有重要的理论指导意义,对新型清洁能源的开发和利用具有重要的工程实践意义;火焰稳定性研究对气体火灾爆炸事故的预防具有重要意义。本书是作者前期工作的一个总结。作者在撰写过程中,参阅并引用了大量文献及资料,在此对文献作者表示由衷感谢。此外,本书撰写过程中得到了山东科技大学和北京理工大学等有关单位专家学者的大力支持和帮助,在此表示深深的感谢。希望本书可以给从事气体燃烧理论研究和工作的相关专业人士起到指导作用,书中不足之处,敬请读者批评指正。

作　者

2023 年 9 月

目录

Contents

第六章　氢气/氨气复合燃料混合物的火焰传播　　65

第七章　零碳气体燃料混合物的火焰稳定性　　100

第一章　概　　论

能源是人类生存和发展的重要基础,能源的高效利用和革新推动着人类文明的发展和进步[1]。目前煤、石油等化石能源是全球能源消耗的主体,但是其不可再生,且在燃烧过程中会产生温室气体二氧化碳,对全球气候影响极大[2]。随着化石能源的大量消耗,能源短缺和环境污染问题日益加剧,寻找可替代能源迫在眉睫。氢气、一氧化碳、甲烷、乙烷等气体燃料因其具有燃烧充分、污染物排放较少等优点逐渐被普及,在人们日常生活、交通运输等方面得到了广泛应用。气体燃料的使用在给人们生产生活带来便利的同时,也引发了大量的事故。相对于其他燃料而言,气体燃料易泄漏和扩散,且易燃易爆[3],在生产、储存、运输和使用的过程中,意外泄漏或操作不当,都容易形成预混可燃气体,一旦遇到点火源,就会被点燃并形成向四周传播的燃烧波,预混可燃气燃烧会在短时间内释放出大量的热量,如果在火焰传播的早期发展阶段没有相应的处理方法,火焰会迅速加速失稳甚至发生爆炸[4-5]。因此,很有必要对预混可燃气体火焰的形成、发展和失稳过程进行深入研究[6-7]。

在实际的气体燃料燃烧过程中,火焰初期是层流火焰,随着火焰的燃烧,受不稳定因素的影响,火焰开始失稳,层流火焰向湍流火焰转变,此时的火焰构成是高度褶皱的层流火焰,在相同的湍流强度和进气方式下,其火焰传播速度取决于燃料自身的化学物理性质,也就是燃料的层流燃烧特性[8-9]。因此,对层流火焰的研究是开展其他燃烧形式研究的基础,是更进一步理解湍流火焰的前提,是理论预测燃烧过程和研究燃烧机制的基础[10-12]。关于可燃气体层流火焰传播的研究主要集中在两个方面:一是层流燃烧速度的测定;二是火焰的稳定性分析。层流燃烧速度是指当火焰处于层流状态时,火焰面相对于来流未燃预混气体的速度,是可燃气体混合物最基本的燃烧参数[13]。从基础研究的角度来看,层流燃烧速度是验证燃料化学反应机理的重要参数,是建立健全化学反应模型的基础[14],同时化学反应模型是计算机重现燃料燃烧过程的关键,目前化学反应模型产生偏差很大一部分原因在于层流燃烧速度数据的缺少和不准确[15];从工程应用的角度来看,层流燃烧速度是分析和预测燃料燃烧性能的重要指标,对燃烧器的优化设计具有重要的指导意义。火焰的稳定性影响着火焰的流动状态,当火焰失稳后,层流燃烧状态会遭到破坏,开始向湍流燃烧转变,火焰也会随着湍流强度的增加而加速燃烧并最终形成爆炸冲击波。火焰失稳会直接导致火焰速度和压力的突变,这是发生火灾爆炸事故的根本原因。因此,对于可燃气体混合物层流燃烧速度和火焰稳定性的研究很有必要。深入开展可燃气体混合物层流燃烧特性的研究,对于气体燃料的开发和利用以及火灾爆炸事故的预防都具有重要意义[16]。

目前对气体燃料的研究主要集中于甲烷、乙烷等烃类气体,在清洁能源方面主要以氢气为研究对象。后来的研究发现烃类气体燃料碳排放问题无法解决,污染物排放较多,而氢气具有燃烧性能优良、燃烧产物清洁和储量丰富等优点[2],是最理想的高效清洁燃料,但以纯氢气为燃料仍存在诸多挑战,因为纯氢的制造成本昂贵,同时其高反应活性,在生产、储存过程中极易发生燃烧爆炸事故,为此学者们开展了以氢气和常规碳氢燃料混合后形成的复合燃料为基础的相关燃烧过程研究[17-20],复合燃料的燃烧性能可以满足工程需求,但是由于碳氢燃料的参与,碳排放的问题依然不可避免。氨气因其不含碳逐渐开始受到重视,虽然纯氨气可燃极限范围窄、燃烧速度过慢、稳定燃烧条件苛刻,以至难以直接作为燃料使用,但氢气/氨气组合形成的复合燃料可以有效解决这些问题[16]。将高反应活性的氢气和低反应活性的氨气进行组合,成为清洁燃料研究领域的新课题。

本书通过建立可燃气体混合物层流燃烧特性研究实验系统,对不同初始条件下氢气、氨气及其复合燃料/氧化剂混合物的层流燃烧速度和火焰稳定性进行研究。所获得的层流燃烧速度数据对化学反应机理的开发和验证具有重要的理论指导意义,对新型清洁能源的开发和利用具有重要的工程实践意义;火焰稳定性研究对火焰失稳机理的分析和气体火灾爆炸事故的预防具有重要意义。

1.1 气体燃料层流燃烧特性研究现状和发展趋势

近年来,随着激光可视化和计算机技术的不断发展,学者们对燃烧科学的研究越来越深入。通过高速摄像系统可以清晰地捕捉到火焰的传播轨迹,直观地揭示了火焰传播过程中火焰形态的变化规律,为燃烧理论的研究和工程技术的应用提供支持。同时,随着测试技术和数理分析方法的不断进步,对层流燃烧速度的测量越来越准确,从而为化学反应机理的验证和改进提供了数据支持。本节主要针对可燃气体混合物层流燃烧速度和火焰稳定性研究进展进行综述。

1.1.1 层流燃烧速度的测量方法

层流燃烧速度是预混可燃气体的基本燃烧特性参数,是燃烧过程机理研究和工程实践应用的重要基础数据[21]。层流燃烧速度的测定方法要求在无限大平面、绝热以及无重力和压力干扰的环境中完成,这种理想条件在现实实验系统中很难完全实现。目前对层流燃烧速度的测定都是基于一定的近似等压实验条件和数据处理方法来实现的[16],常用的测量方法包括本生灯法[22-23]、平面火焰面法[24-27]、滞止火焰面法[28-30]和球形扩展火焰法[31-33]。随着激光诊断技术和高速摄影、纹影技术的发展,球形扩展火焰法成为层流燃烧速度测定的首选方法[34-36]，其结构简单、观测方法可靠。利用高速摄影、纹影技术可以记录下可燃气体混合物火焰的传播轨迹，不仅可以更方便地计算可燃气体混合物的层流燃烧速度，还可以直观地观察火焰的形貌变化，对火焰稳定性的分析研究提供支持。球形扩展火焰法也称之为定容燃烧弹法，其基本原理是在密闭容器中充满可燃气体，利用点火系统实现中心点火，形成向四周扩展的燃烧波，并通过高速摄影、纹影系统采集爆炸罐内球形扩展火焰的传播轨迹，再通过外推计算获得混合物的层流燃烧速度[33]。

火焰传播速度的首次测量是 Bunsen 在 1867 年进行的实验[37]。随后学者们通过不同实验方法获得了大量的层流燃烧速度数据，但是在相同的工况下，不同文献中给出的数据结果呈现出大的分散[38-39]。后来发现这些测量结果不同是因为忽略了局部流动应变，火焰曲率和不稳定性[13,40]从而导致了火焰拉伸效应[41,42]。火焰拉伸的概念，最早由 Karlovitz 等人[43]在 1953 年为了解释与校正淬熄机理与湍流火焰结构而提出的，其物理意义是火焰面上任意一点所在的无穷小火焰面的面积增长率，在火焰受拉伸时测得的火焰传播速度为拉伸火焰传播速度。因此，必须从实验得到的拉伸火焰传播速度中消除因拉伸效应所造成的影响，才能得到准确的层流燃烧速度[41]。基于渐进分析[44]，Wu 和 Law[41]在 1984 年根据拉伸火焰传播速度与拉伸率之间的关系，将实验确定的拉伸火焰速度线性外推至零拉伸速度，来消除拉伸效应的影响，这种方法被称为线性外推法，被广泛应用于滞止火焰[45]和球形扩展火焰[46-49]层流燃烧速度的测定。

线性外推方法虽然简单实用，但是后来越来越多的研究证实了火焰速度与拉伸率之间本质上是一种非线性的关系[50-52]，特别是在高拉伸速率和强非平衡扩散的情况下，这种非线性关系尤为明显，对于这种情况，线性外推方法所得结果偏差就会更大。Kelley 和 Law[53]在 2009 年研究了球形扩展火焰非线性传播过程，并根据 Ronney 和 Sivashinshy[54]推导出的非线性关系方程式提出了一种非线性外推方法，以此来确定层流燃烧速度。在过去几年，该方法已被广泛应用于层流燃烧速度的实验测定。

根据燃烧器优化设计和化学反应动力学模型计算的要求，需要得到更为精确的层流燃烧速度数据。一些早期的实验数据即使在当时被认为是足够准确的，但现在也可能是模型发生偏差的主要原因[15]。Jomaas 等人[15]发现，早期通过线性外推方法得到的层流燃烧速度存在较大的误差，而以这些数据作为参考建立的反应模型，其预测能力的不足也充分显现出来。Wu 等人[55]量化了使用球形扩展火焰外推层流燃烧速度时相关的系统不确定性，发现外推的不确定性很大程度上取决于路易斯数（或马克斯坦数）和 Karlovitz 数。郑晨[56-57]等人通过详细的理论和数值模拟分析，综合对比了三种外推方法，包括线性方法和两种非线性方法，发现它们的精确性与路易斯数有关；并在一维模拟的帮助下评估了引起层流燃烧速度不准确性的各种影响因素（混合物制备、点火、非线性拉伸行为和外推等）对层流燃烧速度测量误差的贡献率，发现当量比的不确定性会在层流燃烧速度测量中带来很大程度的不一致性，对于富燃料情况下的甲烷/空气混合物，层流燃烧速度测量的偏差部分可能是由非线性拉伸行为和外推方法引起的。Halter 等人[58]以非线性外推方法为参考,来评估线性方法引起的误差,发现当甲烷/空气混合物的当量比大于 1.1 和异辛烷/空气混合物的当量比小于 1 时,线性外推方法的使用就会引起实质性误差。Bradley 等人[59]讨论了点火能量与燃烧室壁面约束对火焰传播过程的影响,给出了用于外推层流燃烧速度的实验数据的合理范围。

综合已有文献,影响实验测定层流燃烧速度准确性的主要因素有外推方法、火焰传播过程中的非线性拉伸行为、点火能量、燃烧器壁面约束和浮力。本书在实验测定层流燃烧速度时,对以上影响因素进行了充分地研究分析,以便得到准确性高的实验数据。

1.1.2　预混可燃气体层流燃烧速度

预混火焰层流燃烧特性的研究方法已经比较成熟,国内外报道了大量关于气体燃料层流燃烧特性的文章。黄佐华等人[60-66]采用球形火焰扩展法分别测量了甲醇、二甲醚、丙烷/氢气以及天然气/氢气等混合物的层流燃烧速度,研究了当量比、温度和初始压力对层流燃烧特性的影响;孙作宇等人[67-68]对不同初始压力(0.1～0.3 MPa)和当量比(0.5～4.0)条件下的氢气/空气混合物的层流燃烧速度进行了实验测定,发现随着当量比的变化,层流燃烧速度不是单调变化的,而是先上升然后下降,并且在 $\varphi=1.8$ 时达到最大值;李洪萌[69]对 H_2/CO/空气混合气体的层流燃烧特性进行了研究,发现随着氢气比例的增大,层流燃烧速度呈现出非线性升高的变化趋势,在氢气比例较小时,速度增长更快,同时还对比分析了 CO_2 和 N_2 两种稀释气体对预混可燃气体燃烧特性的影响,得到了混合气体在不同稀释气体稀释下的层流燃烧速度,发现 CO_2 稀释效果更明显;巩静等人[70]利用球形火焰扩展法在不同初始温度(373～473 K)和当量比(0.8～1.4)条件下,对高辛烷值燃料/空气混合物的层流燃烧特性进行了实验研究,发现层流燃烧速度在当量比 $\varphi=$ 1.0～1.1 附近取得最大值;麻剑和廖世勇等人[71-72]对乙醇/空气混合物层流火焰进行了研究,发现层流燃烧速度与当量比之间呈二次多项式关系;马熹群等人[9]在初始压力 0.1 MPa 和初始温度 453 K 条件下,对汽油掺氢层流预混火焰的燃烧特性进行了研究,发现层流燃烧速度峰值出现在当量比 1.0～1.2 附近,掺氢能够有效地提高反应速率,促进燃烧反应的进行;吕晓辉等人[73]对乙醇掺氢层流预混火焰的燃烧特性进行了研究,发现随着氢气比例的增大,混合气体的层流燃烧速度逐渐增大,而火焰厚度逐渐减小;随着当量比的增大,层流燃烧速度先增大后减小,火焰厚度先减小后增大,在当量比为 1.2 时,层流燃烧速度达到峰值,火焰厚度最小。

Beeckmann 等人[74]在高压下对甲醇、乙醇、正丙醇和正丁醇的层流燃烧速度进行了实验研究,并与已发表的化学反应机理的数值模拟数据进行了比较,发现低估了高压下的实验测量值,模型有待改进;Jomaas 等人[15]在大气压和高压下实验测定了 $C_2\text{-}C_3$ 烃的逆流点火温度和层流燃烧速度,并利用已有 $C_1\text{-}C_3$ 机理和乙烯机理进行数值计算,将模拟结果与实验结果做比较,发现两种机制与实验结果都有明显的差异;Ilbas 等人[75]对氢气/空气和氢气/甲烷/空气混合物的层流燃烧特性进行了实验研究,实验表明氢气/甲烷混合物中的氢气所占百分比的增加会导致所得燃烧速度增加和可燃性极限扩大;Aung 等人[76]通过实验和计算,研究了在当量比 0.45～4.00、初始压力 0.35～4.00 atm 和非燃料气体中的体积氧浓度 0.125～0.210 条件下 $H_2/O_2/N_2$ 火焰的层流燃烧速度;Tse 等人[77]对初始压力 1～20 atm 的 $H_2/O_2/N_2$ 混合物层流燃烧速度进行了测定和计算;Kwon 等人[78]对氢气/氧气/稀释剂混合物的层流燃烧速度进行了实验研究和数值模拟,稀释剂包括氮气、氩气和氦气,考虑了初始压力范围 0.3～3.0 atm、当量比范围 0.6～4.5、非燃料气体中体积氧浓度范围 0.21～0.36 和 Karlovitz 数范围 0～0.5 的球形自由(向外)传播层流预混火焰;Hu 等人[79]对氢气/空气火焰在高温高压下的燃烧特性进行了实验和数值研究,将计算范围扩大到初始压力 8.0 MPa 和初始温度 950 K;Hassan 等人[80]实验测定了当量比 0.60～1.35 和初始压力 0.5～4.0 atm 条件下的甲烷/空气混合物的层流燃烧速度;Pareja 等人[81]在低压和室温条件下对氢气/空气混合物的层流燃烧速度进行了实验和数值研究;Broustail 等人[82]在初始压力 0.1 MPa、初始温度 400 K 和当量比 0.8～1.4 条件下,利用球形扩展火焰法实验测定了丁醇和乙醇异辛烷混合物的层流燃烧速度;Kelley 等人[83]在高压下测定了 C_5 至 C_8 正烷烃的层流燃烧速度;Dayma 等人[84]对氢气/空气预混火焰在大范围的当量比(0.5～4.0)和初始压力(0.2～3 bar)条件下的层流燃烧速度进行了实验测定和模拟计算。

国内外针对常规碳氢燃料和氢气燃料的层流燃烧特性已经在较宽的当量比、初始压力和温度范围内进行了研究,其化学反应机理模型也比较成熟。随着对清洁能源需求的提升,氨气作为不含碳的氢能载体开始备受重视。研究者们[85-89]分析了氨气作为清洁燃料的潜力,发现尽管使用氨气作为燃料还存在一些问题,但由于其低成本、零碳排放和高辛烷值等诸多优点,氨气仍然是最具吸引力的可替代燃料之一。Lee 等人[90-91]为了评估氢气作为添加剂和氨气作为无碳燃料的潜力,对氨气/空气加氢预混层流火焰进行了实验和计算研究,发现加入氢气后层流燃烧速度大幅增加,尤其是在富燃料条件下。此外,预测的火焰结构表明加氢后促进了氮氧化物(NO_x)和一氧化二氮(N_2O)的形成,同时在富燃料条件下,NO_x 和 N_2O 排放量随加氢量的增强程度也远低于贫燃料条件下的排放量。这些观察结果证明了氢气作为添加剂具有很大的潜力,它可以改善燃烧性能,同时富燃料条件下的氨气/空气火焰中的 NO_x 和 N_2O 排放量低,因此可以选择氨气作为清洁燃料。

氨气燃料的开发需要对氨气基本火焰特性有充分的了解,但由于氨气的反应活性较低、燃烧速度慢,相关基本火焰数据难以准确获得,以致氨气火焰的基本火焰特性尚未得到充分研究。Miller[92]、Lindstedt[93]和 Tian[94]等人已经揭示了可用于氨气燃烧的详细化学反应机理,但是由于氨气/空气混合物基础燃烧数据的不足,并不能很好地验证这些机理是否适用于氨气/空气火焰;Hayakawa 等人[95-96]采用球形火焰扩展法对氨气/空气,氨气/氢气/空气层流火焰速度进行了实验研究,发现未拉伸的层流燃烧速度随着氢气占比的增加会非线性增加,Markstein长度随着氢气占比的增加会非单调地变化,并采用目前适用于氨气/空气火焰的详细反应机理对层流燃烧速度进行了数值仿真,发现使用这些反应机理对层流燃烧速度的预测并不准确,所以还需要对氨气/空气反应机理做进一步改进。

综上所述,目前关于气体燃料的研究多集中在甲烷和丙烷等烃类气体上,在清洁能源方面主要以氢气为研究对象,复合燃料则以碳氢燃料加氢为主要研究对象。由于氨气反应活性很低,与其燃烧特性研究相关的文献很少,而关于氢气/氨气复合燃料/空气混合物燃烧特性的研究更少,因此本书针对氢气、氨气以及氢气/氨气复合燃料层流燃烧特性开展了实验研究,为氨燃料的开发和利用提供理论与技术支持。

1.1.3 火焰稳定性

研究预混火焰基本燃烧过程时,除了层流燃烧速度外,火焰稳定性也是层流燃烧研究的重要内容。层流预混火焰的结构和传播受对流、扩散和化学反应的控制,火焰不稳定的根源就是化学反应和流动的平衡状态被打破[69]。燃烧过程对流场的变化非常敏感,即使发生很小的扰动,化学反应和流动的平衡状态也有可能被打破,从而造成火焰失稳。当火焰失稳后,火焰表面会产生裂纹和褶皱,这些裂纹和褶皱使火焰产生更大的表面积,导致火焰传播加速,甚至出现爆炸[97]。

火焰稳定性研究是当前燃烧科学领域研究的重要课题之一,已经有大量的学者对预混火焰的稳定性开展了实验和理论研究。引起火焰不稳定的因素主要包括外在影响因素和内在影响因素两个方面,外在影响因素是通过制造火焰热释放波动致使火焰不稳定,对于层流燃烧来说,外在影响因素显然是次要原因,本书的研究重点放在火焰不稳定性的内在影响因素上。Williams[98]认为预混火焰不稳定性的内在影响因素主要分为三类:体积力不稳定性、流体力学不稳定性和热-质扩散不稳定性。体积力不稳定性由Rayleigh-Taylor首先发现,因而也称为Rayleigh-Taylor不稳定性[99]。体积力不稳定性是指由于已燃气体密度低于其上方未燃气体的密度,在重力诱导的浮力作用下火焰逐渐向上飘移的不稳定性现象,通常发生在燃烧极限附近。Darrieus[100]和Landau[101]分别在1938年和1944年对流体力学不稳定性进行了理论预测,流体力学不稳定性又被称为Darrieus-Landau不稳定性。流体力学不稳定性是由于热膨胀作用造成火焰锋面前后密度跳动所引起的[102],它可以用火焰前后的密度比和火焰厚度来表征,当密度比增加或者火焰厚度减小时,流体力学不稳定性增强[103-104]。热-质扩散不稳定性是因火焰前锋面质量扩散与热量扩散的不等扩散而引起的。Markstein[105]最早发现火焰锋面上质量扩散过程对预混火焰不稳定性存在影响。随后,Von Elbe和Lewis等人[106-107]发现火焰锋面上热量扩散过程对预混火焰不稳定性存在影响,并提出了热-质扩散假设。Zel'Dovich[108]提出了关于热-质扩散不稳定性的定性分析理论。热-质扩散不稳定性通常用 Lewis 数(Le)来表征，当 Lewis 数小于 1 时，火焰前锋面质量扩散强于热量扩散，热-质扩散作用会增强火焰的不稳定性；当 Lewis 数大于 1 时，热量扩散强于质量扩散，热-质扩散过程对火焰起稳定作用。Sivashinsky[109]和 Joulin[110]分别对绝热和非绝热火焰的热-质扩散不稳定性进行了理论分析。Sivashinsky[111]推导出了火焰胞格不稳定性的渐近非线性积分微分方程。Gutman[112]和 Mukaiyama[113]等人利用这个方程的数值再现了火焰的胞格结构，发现尽管由于热-质扩散不稳定性导致了胞格不断细分，但火焰表面还是会因为流体动力学的不稳定性所导致的胞格合并而呈现出了大的单尖形状，对这些实验现象的观察有助于理解不稳定性对火焰结构和速度的影响。Bechtold 等人[114]分析了热-质扩散不稳定性和流体动力学不稳定性对球形火焰稳定性的影响。Bradley 等人[115-117]考虑了 Bechtold 等人提出的理论，对火焰不稳定性的产生和发展过程以及火焰表面胞格结构的形成过程进行了研究，并证明了低 Markstein 数的火焰表面裂缝是断裂的。Bouvet 等人[118]强调了 Lewis 数(Le)在预混燃烧领域无可否认的重要性，确定了最适用于常规氢气/碳氢化合物/空气混合物的有效 Lewis 数计算方法。Fursenko 等人[119-120]在进一步化学反应的热扩散模型框架下，对两槽燃烧器拉伸流中预混合低 Lewis 数火焰的特征和空间结构进行了数值和理论研究，发现低 Lewis 数逆流火焰可燃性极限的扩展与由热-质扩散不稳定性的影响引起的非平面火焰管结构形成的可能性有关。

火焰稳定性的内在影响因素是由自身的理化特性决定的，不同的燃料/氧化剂混合物火焰表现出的不稳定性也各不相同。Kim 等人[121]对氢气、甲烷/空气、丙烷/空气混合物火焰的加速和失稳过程进行了实验研究，使用图像阈值技术，观察火焰表面上胞格结构的形成和发展过程，发现火焰加速过程受热-质扩散和流体力学不稳定性的强度影响，火焰表面由于流体力学不稳定性所产生的胞格尺寸要比由热质扩散不稳定性所产生的胞格尺寸更大。Wang 等人[122]在恒定体积的单室圆柱形燃烧容器中，对不同初始条件下的甲醇/空气混合物球形扩展火焰的不稳定性进行了研究，分析了初始压力、当量比和初始温度对火焰不稳定性的影响，以确定影响因素，发现火焰不稳定性会随着温度和压力的增加而单调增加，但是随着当量比的增加会非单调变化。在富燃条件下，临界失稳半径会随着当量比的增加而增加，而相应的火焰表面却变得更加平滑。Yang 等人[123]对 $H_2/O_2/N_2$ 球形扩展火焰的演化和自加速过程进行了观察和研究，并分析了火焰内在不稳定因素对火焰传播过程的影响。结果表明根据火焰不稳定性的影响，火焰传播过程可分为三个阶段：不稳定性开始、转变和饱和。不稳定性开始主要受热-质扩散不稳定性的控制，而随后向饱和状态的转变和维持的特征由流体动力学不稳定性控制。

Lapalme 等人[124-125]评估了计算 $H_2/CO/CH_4$ 混合物的有效 Lewis 数的方法并与实验结果比较，发现基于体积的有效 Lewis 数(Le_V)对于所有考虑的混合物（包括合成气）是最准确的，随后对合成气火焰内在不稳定因素的影响机制进行了研究。Vu 等人[126-128]研究了在室温和高压条件下碳氢化合物的添加对合成气-空气火焰的不稳定性影响以及稀释剂对向外扩展的球形合成气-空气预混火焰中不稳定性的影响,从流体力学和热-质扩散不稳定性的角度解释和评估了合成气-空气火焰的不稳定性。随后为了研究甲烷(丙烷)/氢气/一氧化碳/空气预混火焰中胞格的形成过程,对室温和高压条件下球形预混火焰的发展过程进行了实验研究,发现 Markstein 长度会随着氢气比例的增加而减小,而随着碳氢化合物的增加而增加,这表明火焰随着氢气比例的增加而变得不稳定,随着碳氢化合物比例的增加而变得稳定,且火焰不稳定性会随着初始压力的增大而增加。

总的来说,国内外学者在气体燃料火焰稳定性方面已经开展了大量研究,但主要集中于天然气和氢气火焰,对于氨气以及氢气/氨气复合燃料火焰的研究很少。

1.2 本书的主要内容和结构安排

从文献调研和综述情况来看,层流预混火焰的实验研究方法已经比较成熟,国内外学者在气体燃料层流燃烧特性方面已经开展了大量的实验研究。但是目前的研究主要集中在氢气和常规碳氢燃料方面,对于氨气和氢气/氨气复合燃料火焰的研究很少。因此,本书以实验研究为主要手段,结合理论分析和数值计算对氢气、氨气及其复合燃料/氧化剂混合物的层流燃烧特性进行了研究,实验内容主要分为 4 个部分:①研究点火能量、燃烧器壁面约束和火焰不稳定性等因素对火焰传播过程的影响,确定可用于层流燃烧速度计算的有效实验数据范围,同时选用准确性高的外推方法,以便获得准确性高的层流燃烧速度。②分析火焰传播过程,测定不同初始条件下氢气、氨气单一燃料/氧化剂混合物的层流燃烧速度,研究当量比和初始压力对燃料/氧化剂混合物层流燃烧速度的影响规律。同时采用现有机理模型对混合气体的层流燃烧速度开展数值模拟研究,将实验值和预测值进行对比,对现有机理模型的预测能力进行验证和比较。③测定不同初始条件下氢气/氨气复合燃料/氧化剂混合物的层流燃烧速度,分析燃料配比、当量比和初始压力对层流燃烧速度的影响规律,给出复合燃料/氧化剂混合物层流燃烧速度随氢气比例和当量比变化的经验拟合公式。同时选用预测能力较好的机理模型对预混可燃气体开展详细的化学反应动力学研究。④探索燃料配比、当量比和初始压力对预混可燃气火焰整体稳定性的影响规律,通过火焰表面失稳的特征并结合火焰稳定性表征参数,分析热-质扩散不稳定性、流体力学不稳定性以及体积力不稳定性对不同燃料/氧化剂混合物火焰稳定性的影响机制。

本书共分 6 章进行论述,各章节安排如下:

第 1 章,概论。主要介绍本书的研究背景和国内外研究现状,并概述本书的主要内容。

第 2～3 章,简述可燃气体混合物的基本燃烧特性,介绍本研究所采用的实验装置和实验方法,确定用于层流燃烧速度计算的外推方法以及有效实验数据的范围。

第4~5章,研究氢气、氨气单一燃料/氧化剂混合物的层流燃烧。通过建立的层流燃烧特性研究实验系统,捕捉并记录火焰传播轨迹,分析火焰传播过程,对不同初始压力和当量比条件下的预混可燃气体层流燃烧速度进行测定,发现初始压力和当量比对层流燃烧速度的影响规律,并给出经验拟合公式。同时利用现有机理模型对混合气体的层流燃烧速度开展数值模拟研究,将实验结果与预测结果进行对比,验证机理模型的预测能力。

第6章,研究氢/氨复合燃料/空气混合物的火焰传播。利用球形扩展法测定一系列不同实验条件下混合气体的层流燃烧速度,分析燃料配比、当量比和初始压力对预混可燃气体层流燃烧速度的影响规律,并与单一燃料进行对比,激发氢气、氨气复合燃料作为替代清洁燃料的潜力,并开展详细的化学反应动力学研究。

第7~8章,研究不同燃料/氧化剂混合物的火焰稳定性。针对氢气/空气、氢气/氧气、氨气/空气和氨气/氧气混合物,研究当量比和初始压力对火焰不稳定性的影响规律;针对氢气/氨气/空气混合物,研究燃料配比对火焰稳定性的影响规律。得到一系列不同实验条件下燃料/氧化剂混合物的火焰稳定性表征参数(Lewis 数、火焰厚度、马克斯坦长度和临界失稳半径),结合火焰形貌和表面结构,分析热-质扩散不稳定性、流体力学不稳定性和体积力不稳定性对火焰稳定性的影响机制。

第二章　可燃气体混合物的基本燃烧特性

随着可燃气体在石化生产和人们日常生活中的广泛应用,燃气爆炸事故的发生也愈加频繁。研究气体的基本燃烧规律,对于气体燃料的利用和爆炸事故的预防都具有重要意义。

2.1　火焰传播速度

在大部分可控的燃烧装置内,燃料首先与氧化剂混合,形成预混可燃气体,然后在点火源的作用下发生局部化学反应,随着时间的推移,化学反应会在混合气中传播。此时火焰的蔓延是依靠导热和分子扩散的方式使未燃混合气温度升高,同时进入反应区并引起化学反应,从而使燃烧波不断向未燃混合气中推进,最后形成新的火焰。这样,一层一层的预混气体被依次引燃,已燃区域和未燃区域之间被一层薄薄的化学反应区分隔开,这层化学反应区称为火焰前沿。

火焰传播速度是指火焰前沿相对于容器壁面的移动速度,当未燃气体处于静止状态时,火焰传播速度就是火焰面相对于静止未燃气体混合物的传播速度。对于无拉伸层流火焰,火焰传播速度即为无拉伸层流火焰传播速度,当火焰为曲面时,例如球形扩展火焰,火焰由点火中心向外传播过程中还会受到曲率的影响而被拉伸,因此球形外扩火焰传播速度为拉伸层流火焰传播速度。若火焰前沿在时间间隔 dt 内移动的距离为 dl,则火焰传播速度 v 可表示为:

$$v = \frac{dl}{dt} \tag{2.1}$$

2.2　层流燃烧速度

层流燃烧速度(S_L)可定义为一维绝热平面的火焰面相对于来流未燃预混气体的速度,它是预混可燃气体反应性的基本特征之一,规定了单位时间内通过单位火焰前沿面积上反应的混合物量。层流燃烧速度常用于验证燃料的化学反应动力学机理,在实际应用中,它也有助于描述各种燃烧现象,如湍流燃烧、回火、爆裂和熄灭等。

球形火焰扩展法是测量层流燃烧速度的经典方法,其结构简单、观测方法可靠,利用高速摄影、纹影技术可以记录可燃气体混合物火焰的传播轨迹,不仅可以方便地计算可燃气体混合物的层流燃烧速度,还可以直观地观察火焰形貌变化,对火焰稳定性的分析研究提供支持。

2.3 马克斯坦长度

球形火焰用特征参数描述真实的弯曲火焰,如马克斯坦长度和 Karlovitz 拉伸因子。马克斯坦长度是评价火焰不稳定性以及定量表征拉伸作用对火焰传播过程影响的重要参数,也是解释火焰淬熄现象的重要依据。马克斯坦长度是某些预混湍流燃烧模型的基本输入物理化学参数之一,马克斯坦长度的确定对燃烧模型的建立具有重要意义。层流燃烧速度和马克斯坦长度是预混层流燃烧特性研究中最为关键的两个基础参数,可以根据火焰传播速度与拉伸率之间的关系通过外推法来获得这两个参数,具体方法在下一章节详细介绍。

2.4 火焰拉伸速率

大多数真实火焰都受到局部表面流体动力变形的影响,其中包括引起局部曲率变化的变形,它影响火焰前锋传播的速度,称为拉伸或拉伸效应。

球形火焰是典型的拉伸火焰,因此在实验中通过火焰传播轨迹直接获得的火焰速度为火焰拉伸传播速度,火焰拉伸率 K 可以定义为火焰前锋面上一个无限小面积 A 的对数值对时间取导数[131]:

$$K = \frac{\mathrm{d}\ln(A)}{\mathrm{d}t} = \frac{1}{A} \cdot \frac{\mathrm{d}A}{\mathrm{d}t} \tag{2.2}$$

对于球形火焰而言,根据球形火焰面积公式,火焰拉伸率可以表示为:

$$K = \frac{1}{A} \cdot \frac{\mathrm{d}A}{\mathrm{d}t} = \frac{2}{r(t)} \cdot \frac{\mathrm{d}r(t)}{\mathrm{d}t} \tag{2.3}$$

式中:K 为火焰拉伸率;A 为火焰面面积;$r(t)$ 表示时刻 t 的火焰半径;t 为相应的时间。

2.5 混合物成分

可燃混合物中,燃料与氧化剂以一定的比例混合。通常情况下,燃料/氧化剂混合物的组成可以用当量比来表示,当量比 φ 定义为燃料燃烧时,化学当量条件下的空燃比与实际供给的空燃比之比:

$$\varphi = \frac{(燃料／氧化剂)_{actual}}{(燃料／氧化剂)_{stoich}} \tag{2.4}$$

当量比反映了实际反应与理想反应的偏离程度。当量比等于 1 时,燃料与氧化剂恰好完全反应;当量比大于 1 时,混合气中的燃料供应大于所需要的燃料供应,通常称为富燃反应;当量比小于 1 时,混合气中所含燃料量小于所需要的燃料量,通常称为贫燃反应。

2.6 影响层流火焰传播的主要因素[129]

2.6.1 当量比的影响

一般来说,在化学计量比($\varphi=1$)附近,燃料与氧化剂反应最为剧烈,绝热火焰温度最高,火焰传播速度也最快。但从实际测试结果来看,最大层流燃烧速度通常并不位于化学计量比处,而是偏向富燃料一侧。比如氢气-空气混合物的层流火焰峰值就出现在 $\varphi = 1.75$ 附近,这主要是由氢气较强的扩散特性导致的。Egolfopoulos 等[45]认为,不饱和燃料中反应性极强的原子相比饱和燃料少,因此就需要更多的燃料产生足够的 H 原子来增强关键的 H-O_2 链分支反应。

2.6.2 初始压力的影响

一般来说,增大压力既可以提高燃烧效率,又能很大程度上减小燃烧设备的尺寸,因此在实际工业生产中具有重大意义。

国内外学者通过大量实验发现,层流火焰速度(S_L)和压力(P)存在一定的相关关系:

$$S_L \propto P^m \tag{2.5}$$

当火焰速度较低时($S_L < 0.5 \text{ m/s}$),指数 $m < 0$,S_L 会随着压力的增大而减小;当火焰速度 $0.5 \text{ m/s} \leqslant S_L < 1.0 \text{ m/s}$ 时,指数 $m \approx 0$,S_L 不随压力变化,或变化极小;当火焰速度 $\geqslant 1.0 \text{ m/s}$ 时,指数 $m > 0$,S_L 与压力正相关。

根据热力学理论,并引入关系式 $S_L \propto \rho/RT$,上式可以改写为:

$$S_L \propto P^{\frac{n-2}{2}} \tag{2.6}$$

式中:n 为化学反应级数。方程表明,二级反应的火焰速度不受压力影响。大多数烃类化合物与氧气反应的总反应级数小于 2(比如汽油,$n = 1.5 \sim 2$),因此它们的层流火焰速度与压力负相关。

2.6.3 初始温度的影响

研究表明,火焰速度与温度的关系是按照指数定律支配的,即:

$$S_L \propto (e^{-E/2RT}) \tag{2.7}$$

如果阿伦尼乌斯反应动力学起支配作用,那么反应主要在最高温度附近发生,因此上述表达式中的温度 T 可以用火焰温度 T_f 代替,即:

$$S_L \propto (e^{-E/2RT_f}) \tag{2.8}$$

可燃混合物初始温度 T_0 越高,火焰温度 T_f 也越高,从而加快了火焰速度,实验也证实了这一结论。但是,当火焰温度很高时(大于 2 500 ℃),热力学理论便不再适用。

2.6.4　燃料性质的影响

燃烧其实是一种快速放热的化学反应,燃料本身的反应活性、绝热火焰温度、扩散系数、导热系数等对火焰传播有显著的影响。热力学理论认为,分子热活化是发生化学反应的前提,因此燃料反应所需活化能越小,就越容易燃烧,反应速率也越快,层流火焰速度就越大。Law[13] 发现,火焰传播速度与导热系数的开方正相关,而扩散系数的增加有助于提高物质输运效率,也会导致火焰传播加速。根据阿伦尼乌斯定律,火焰温度提高也可以加快化学反应进程。

研究发现,简单碳氢气体燃料中,只有乙炔和苯的反应活性与氢气相当,这主要是由于它们分子结构中存在反应性极强的三键和多双键(苯环),最小键离解能较低,易断裂形成自由基。饱和烷烃(如乙烷、丙烷、戊烷等)的火焰速度随分子中的碳原子数的增加变化不大。而不饱和烃(如乙烯、丙烯、乙炔等),其火焰速度随碳原子数的减少而增大,当碳原子数超过 8 时,不饱和烃的火焰速度与烷烃相当。

第三章　预混气体层流燃烧特性参数测试方法

燃料/氧化剂混合物层流燃烧是燃烧机理研究的重要内容,是其他燃烧形式的基础[13]。本章以实验为主要手段,通过建立的可燃气体层流燃烧特性研究实验系统,对燃料/氧化剂混合物的层流燃烧特性进行研究。利用纹影技术结合高速摄影系统捕捉并记录可燃气体混合物火焰传播的动态轨迹,采用球形扩展火焰法测定层流燃烧速度,同时对火焰的稳定性进行研究。本章将对本书所采用的实验系统、实验方法以及数据处理方法进行详细的介绍。

3.1　实验系统

研究所涉及的实验和测试系统主要包括:燃烧室、配气系统、点火系统、纹影系统、高速摄影系统、数据采集系统和同步控制系统等,如图 3.1 所示。

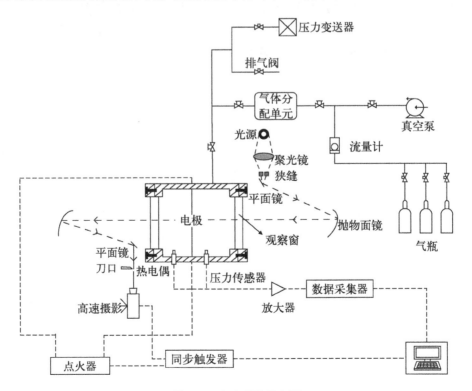

图 3.1　实验系统示意图

（1）燃烧室

实验所使用的燃烧室是内径为302 mm，长度为 392 mm，壁厚为30 mm的不锈钢圆柱筒罐，可承受压力高达 300 bar，罐体两端安装有直径200 mm、厚 30 mm 的高强度石英玻璃，可用于观察和进行光学测试，燃烧室实物如图 3.2 所示。该室配备有多个用于供气和排气的管路，以及用于安装点火电极、压力表、压力传感器和热电偶的端口。为了保证实验的安全性以及结果的准确性，燃烧室需保证气密性良好。

图 3.2　燃烧室实物图

（2）配气系统

配气系统由气瓶、流量计、气体分配单元和真空泵组成。通过使用配气系统将燃料和氧化剂分别填充到燃烧室中。为了保证配气的准确性，在配气过程中不同气体独立进气，并通过流量计精确控制气流速度。

（3）点火系统

点火系统由点火装置和电极组成。本书采用电容储能式点火装置，先利用高压电源对电容充电，然后接通放电回路将高压施加于点火电极的两端，此时电极间隙被击穿，产生瞬间高温高压的电火花，用于点火。

（4）纹影系统

纹影法是利用光在被测流场中的折射率梯度正比于流场气流密度的原理进行测量的一种观测方法。球形预混火焰在向四周传播时，已燃区域和火焰面附近的流场气流密度发生急剧变化，当光线穿过时，会随着折射率的改变产生位置、方向和光程上的偏差，利用纹影仪可以将流场中密度的变化图像化和可视化。

本书使用具有 Z 字形布置的纹影系统来记录火焰传播过程中的火焰前锋运动，如图3.1 所示，它由光源、聚光镜、狭缝、平面镜、抛物面镜和刀口组成。实验中，光源发出的光经过狭缝后形成点光源，并经平面镜和抛物面镜反射后形成一束平行光，该平行光穿过被测流场后再经过另一组抛物面镜和平面镜反射后聚焦于刀口处，经由刀口切割后最终成像于高速摄像机中。

（5）高速摄影系统

高速摄影系统由高速摄像机和计算机组成，高速摄像机用于捕捉和记录火焰的点火和传播过程，并通过数据线将图像保存于计算机中。为了保证图像的清晰度和火焰传播过程的完整性,高速摄像机的拍摄速度选定为 10 000 帧/s,针对火焰传播过程极快的氢气/氧气混合气体,拍摄速度采用 50 000 帧/s。

（6）数据采集系统

动态数据采集系统主要由数据采集仪、电荷放大器和压力传感器组成。层流燃烧速度的测定须保证在定压条件下进行,故在实验过程中,通过压力传感器来监测燃烧室内的动态压力值,信号经由电荷放大器放大,并由数据采集仪记录下来。

（7）同步控制系统

在保证捕获整个火焰传播过程的前提下,为节约高速摄像机和计算机的存储空间,方便有效地提取数据,本实验使用控制系统同步触发点火装置、数据采集系统和高速摄像机。

3.2　实验方法

每次实验前,先将配气系统和燃烧室抽真空,再将燃料和氧化剂根据其相应的分压通过配气系统引入燃烧室中,以达到指定的当量比和初始压力来制备混合气体,并静置 30 min 以确保实验气体充分混合,然后通过位于燃烧室中心的电极点燃混合物,同时同步触发器触发高速摄像机和数据采集系统,完成实验数据的记录和保存。燃烧结束后,通过排气系统冲洗燃烧室以免残余气体影响下一次的实验。单次实验步骤如下:

（1）连接线路,将高能点火设备及其控制器和数据采集设备通过传感器连接到燃烧室上,打开数据采集设备开关;

（2）关闭排气阀,打开真空阀、真空表,启动真空泵,对配气系统和燃烧室抽真空;

（3）关闭其他阀门,打开进气阀,通过配气系统通入实验气体;

（4）静置 30 min,等待实验气体均匀静止;

（5）利用同步触发器控制点火,同时触发高速摄影和数据采集系统;

（6）读取数据并保存;

（7）打开排气阀,进行清洗。

实验使用的燃料为氢气（H_2）、氨气（NH_3）,氧化剂为氧气（O_2）、空气（air）,当量比定义为实际的燃料空气质量比和理论的燃料空气质量比的比值:

$$\varphi = \frac{F/A}{(F/A)_{st}} \tag{3.1}$$

式中: F/A 为实验中燃料气体与空气的质量比;$(F/A)_{st}$ 为理论条件下完全反应燃料与空气质量比。对于氢气和氨气组成的复合燃料,我们将燃料配比 x 定义为:

$$x = \frac{V_{H_2}}{V_{NH_3}} \tag{3.2}$$

式中：V_{H_2} 和 V_{NH_3} 分别表示混合燃料中氢气和氨气的体积。

不同当量比条件下单一燃料/空气混合物化学反应方程式表示为：

$$H_2 + \frac{1}{2\varphi}(O_2 + 3.762N_2) = \frac{1}{\varphi}H_2O + \frac{1.881}{\varphi}N_2 + \left(1 - \frac{1}{\varphi}\right)H_2$$

$(\varphi \geqslant 1)$

$$NH_3 + \frac{3}{4\varphi}(O_2 + 3.762N_2) = \frac{3}{2\varphi}H_2O + \frac{13.286}{4\varphi}N_2 + \left(1 - \frac{1}{\varphi}\right)NH_3$$

(3.3)

$$H_2 + \frac{1}{2\varphi}(O_2 + 3.762N_2) = H_2O + \frac{1.881}{\varphi}N_2 + \left(\frac{1}{\varphi} - 1\right)\frac{1}{2}O_2$$

$(\varphi < 1)$

$$NH_3 + \frac{3}{4\varphi}(O_2 + 3.762N_2) = \frac{3}{2}H_2O + \frac{2\varphi + 11.286}{4\varphi}N_2 + \left(\frac{1}{\varphi} - 1\right)\frac{3}{4}O_2$$

(3.4)

不同当量比条件下单一燃料/氧气混合物化学反应方程式表示为：

$$H_2 + \frac{1}{2\varphi}O_2 = \frac{1}{\varphi}H_2O + \left(1 - \frac{1}{\varphi}\right)H_2$$

$(\varphi \geqslant 1)$

$$NH_3 + \frac{3}{4\varphi}O_2 = \frac{3}{2\varphi}H_2O + \left(1 - \frac{1}{\varphi}\right)NH_3$$

(3.5)

$$H_2 + \frac{1}{2\varphi}O_2 = H_2O + \left(\frac{1}{\varphi} - 1\right)\frac{1}{2}O_2$$

$(\varphi < 1)$

$$NH_3 + \frac{3}{4\varphi}O_2 = \frac{3}{2}H_2O + \left(\frac{1}{\varphi} - 1\right)\frac{3}{4}O_2$$

(3.6)

不同当量比下氢气/氨气复合燃料/空气混合物化学反应方程式表示为：

$$(\varphi \geqslant 1) \quad NH_3 + xH_2 + \frac{2x+3}{4\varphi}(O_2 + 3.762N_2)$$

$$= \frac{2x+3}{2\varphi}H_2O + \frac{7.524x + 13.286}{4\varphi}N_2 + \left(1 - \frac{1}{\varphi}\right)(NH_3 + xH_2)$$

(3.7)

$$(\varphi < 1) \quad NH_3 + xH_2 + \frac{2x+3}{4\varphi}(O_2 + 3.762N_2)$$

$$= \frac{2x+3}{2}H_2O + \frac{7.524x + 2\varphi + 11.286}{4\varphi}N_2 + \left(\frac{1}{\varphi} - 1\right)\frac{2x+3}{4}O_2$$

(3.8)

不同当量比条件下氢气/氨气复合燃料/氧气混合物化学反应方程式表示为：

$$(\varphi \geqslant 1) \quad NH_3 + xH_2 + \frac{2x+3}{4\varphi}O_2 = \frac{2x+3}{2\varphi}H_2O + \left(1 - \frac{1}{\varphi}\right)(NH_3 + xH_2)$$

(3.9)

$$(\varphi < 1) \quad NH_3 + xH_2 + \frac{2x+3}{4\varphi}O_2 = \frac{2x+3}{2}H_2O + \left(\frac{1}{\varphi} - 1\right)\frac{2x+3}{4}O_2$$

$$(3.10)$$

实验都是在常温条件下进行的,实验过程中首先要确定燃料配比、当量比和初始压力,然后根据道尔顿分压定律计算出每种实验气体的所需量,再按照先燃料后氧化剂的顺序将所需气体充入到燃烧室中。

3.3 数据分析和处理方法

3.3.1 层流燃烧速度与马克斯坦长度

燃烧室内预混可燃气体被点燃后,形成向四周传播的球形火焰,利用高速摄影系统、纹影系统可以将整个火焰传播过程记录下来,并保存为可视化图片,如图 3.3 所示。

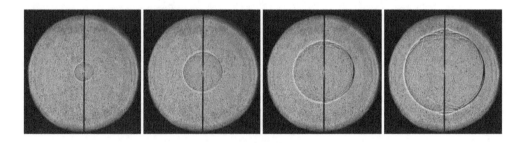

图 3.3 火焰传播纹影图像

通过火焰图像可以获得不同时刻的火焰前锋面位置,进而得到燃烧波的拉伸火焰传播速度 S_b,S_b 可以表示为[130]:

$$S_b = \frac{dr(t)}{dt}$$

$$(3.11)$$

式中:S_b 表示燃烧波的拉伸火焰传播速度,m/s;$r(t)$ 表示时刻 t 的火焰半径,cm;t 为相应的时间,ms。

根据火焰膨胀关系,可以得到火焰面相对于未燃气体的拉伸火焰传播速度 S_u,表示为:

$$S_u = \frac{\rho_b}{\rho_u}S_b$$

$$(3.12)$$

式中:ρ_b 和 ρ_u 分别表示反应和未反应区的气体密度。

实验中火焰都会受到拉伸的影响,因此需从火焰传播轨迹中直接获得的拉伸火焰传

播速度上消除火焰拉伸的影响,球形火焰的拉伸率可以表示为:

$$K = \frac{1}{A}\frac{\mathrm{d}A}{\mathrm{d}t} = \frac{2}{r(t)}\frac{\mathrm{d}r(t)}{\mathrm{d}t} \tag{3.13}$$

式中:K 为火焰拉伸率;A 为火焰面面积。

在得到拉伸火焰传播速度 S_u 和火焰拉伸率 K 后,可以利用二者之间的关系式,消除拉伸的影响,并外推获得无拉伸火焰传播速度,根据 Wu 和 Law[41] 的研究,拉伸火焰传播速度与火焰拉伸率之间具有以下线性关系:

$$S_u = S_u^0 - L_u K \tag{3.14}$$

式中:S_u^0 表示火焰面相对于未燃气体的无拉伸火焰传播速度,即为层流燃烧速度 S_L;L_u 为未燃气体马克斯坦长度,马克斯坦长度可以表征火焰对拉伸的敏感程度。当 L_u 为正值时,火焰传播速度随拉伸率的增加而减小,一旦火焰锋面出现凸起,凸起部分的火焰传播速度将会得到抑制,使火焰趋于稳定;当 L_u 为负值时,火焰传播速度随拉伸的增加而增加,如果火焰锋面出现凸起,凸起部分的火焰传播速度将进一步增加,火焰的不稳定性也随之增加[132]。

利用公式(3.14)计算层流燃烧速度的方法一般被称为线性外推方法,该方法较为简单,被广泛应用于滞止火焰法和球形扩展火焰法的层流燃烧速度的测定。但是后来越来越多的研究证实了火焰速度与拉伸速率之间本质上是一种非线性的关系[42-44],特别是在高拉伸速率和强非平衡扩散的情况下。Kelley 和 Law[53] 提出了一种非线性方法来推导无拉伸火焰传播速度,该方法如下:

$$\left(\frac{S_u}{S_u^0}\right)^2 \ln \left(\frac{S_u}{S_u^0}\right)^2 = -2\frac{L_u K}{S_u^0} \tag{3.15}$$

本文利用式(3.15)中拉伸火焰传播速度和火焰拉伸率之间的关系建立了非线性外推方法,以此来获得层流燃烧速度。等式(3.15)可表示为:

$$K = C_1 (S_u)^2 - C_2 (S_u)^2 \ln (S_u)^2 \tag{3.16}$$

其中,

$$C_1 = \frac{\ln S_u^0}{L_u S_u^0}, \quad C_2 = \frac{1}{2 L_u S_u^0} \tag{3.17}$$

利用式(3.17)对获得的拉伸火焰传播速度和火焰拉伸率之间的关系进行拟合,可以得到常数 C_1 和 C_2。层流燃烧速度和马克斯坦(Markstein)长度可以由以下公式得到:

$$S_u^0 = \mathrm{e}^{C_1/2C_2}, \quad L_u = \frac{1}{2 C_2 \mathrm{e}^{C_1/2C_2}} \tag{3.18}$$

利用线性和非线性外推方法对氢气/空气混合物实验数据进行分析,其拟合曲线如图3.4所示。由拟合曲线斜率为正的实验数据可知,拉伸火焰传播速度随拉伸率的增加而逐渐增大,火焰趋于失稳,此时线性拟合曲线和非线性拟合曲线的差异较大,如图3.4(a)所示;由拟合曲线斜率为负的实验数据可知,拉伸火焰传播速度随拉伸率的增加而逐渐减小,火焰较为稳定,此时线性拟合曲线和非线性拟合曲线的差异较小,如图3.14(b)所示。通过线性外推方法获得的氢气/空气混合物层流燃烧速度要高于通过非线性外推方法获得的层流燃烧速度,利用两种外推方法获得的不稳定氢气/空气混合物火焰层流燃烧速度差异更大。

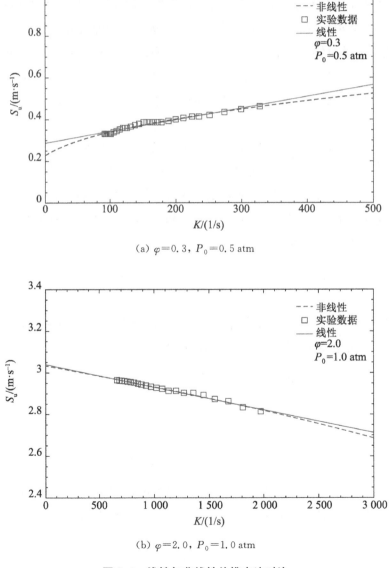

(a) $\varphi=0.3$, $P_0=0.5$ atm

(b) $\varphi=2.0$, $P_0=1.0$ atm

图 3.4 线性与非线性外推方法对比

利用非线性方法推导层流燃烧速度,比用线性方法更准确,研究表明,早期通过线性方法外推得到的层流燃烧速度存在较大的误差,这很可能是反应模型发展偏差的主要原因[15]。研究采用更为准确的非线性外推方法来获得层流燃烧速度,需要注意的是用于非线性外推的数据必须取自层流燃烧阶段。

3.3.2 预混火焰传播过程的影响因素以及有效实验数据范围的确定

层流燃烧速度的测试要求在稳定、无拉伸、绝热和等压条件下进行,球形扩展火焰法基于一种近似的绝热和等压条件,一旦燃烧室中心点火后,火焰传播在短时间内可以被近似认为是绝热和等压的,拉伸的影响可以通过一定的外推方法消除。因此,我们主要考虑的是选取稳定的层流燃烧阶段来进行有效数据的提取。

研究发现,燃烧室内可燃气体混合物火焰传播过程主要分为两种传播模式:一种是稳定火焰传播过程;一种是失稳火焰传播过程。图 3.5(a)显示了一组典型稳定火焰传播图像,点火电极在燃烧室中心形成明亮的高温火核,加热点燃其中均匀静置的混合气体,形成向四周扩展的球形火焰,火焰表面始终保持光滑。

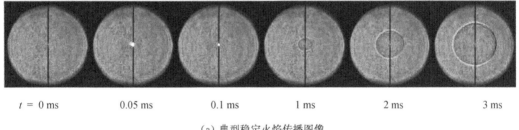

| $t = 0$ ms | 0.05 ms | 0.1 ms | 1 ms | 2 ms | 3 ms |

（a）典型稳定火焰传播图像

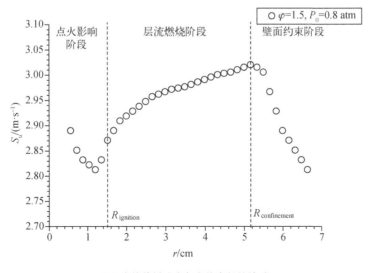

（b）火焰传播速度与火焰半径的关系

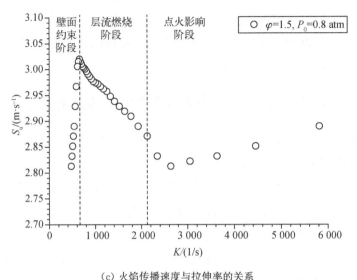

（c）火焰传播速度与拉伸率的关系

图 3.5　典型稳定火焰传播图像以及火焰传播速度随传播距离和拉伸速率的变化情况

图 3.5（b）和 3.5（c）分别显示了火焰传播速度随火焰半径和拉伸率的变化情况，从图中可以看出，在火焰传播初期由于火花能量的影响，点火瞬间会形成一个较大的火焰速度，随着火焰的传播，火花能量的影响逐渐衰减，存在临界半径 $R_{ignition}$，当火焰传播距离大于 $R_{ignition}$ 后，点火能量的影响消失了，从而进入稳定的层流燃烧过程，火焰仍然继续传播；当火焰传播到半径 $R_{confinement}$ 后，由于壁面的约束作用，火焰速度就开始下降。因此，可以将稳定火焰的传播过程分为 3 个阶段：点火影响阶段、层流燃烧阶段和壁面约束阶段。在计算层流燃烧速度时，所用到的有效实验数据应该位于层流燃烧阶段，有效半径应处于 $R_{ignition}$ 和 $R_{confinement}$ 之间。

在失稳火焰传播的过程中，随着火焰的传播，会观察到火焰表面的裂纹和褶皱，这些裂纹和褶皱会不断增加最终形成清晰可见的胞格状结构。图 3.6（a）所示为一组典型失稳火焰传播图像，从图中可以看出火焰传播初期，燃烧波表面光滑，当火焰传播到一定距离后，燃烧波表面开始出现褶皱并快速增加，最终形成胞格状结构。图 3.6（b）和 3.6（c）分别显示了火焰传播速度随火焰半径和拉伸率的变化情况，从图中可以看出，与稳定火焰传播的过程相同，在点火时刻，会形成一个较大的火焰速度，随着火焰的传播，火焰速度迅速降低，当火焰传播到半径 $R_{ignition}$ 之后，点火能量的影响消失了，从而进入稳定的层流燃烧过程，但是在火焰继续传播到一定半径 R_{cr}（R_{cr} 即为临界失稳半径）后，火焰传播速度会骤然增大，这是火焰失稳导致的；当火焰传播距离大于 R_{cr} 时，火焰开始失稳，不再保持层流燃烧状态。因此，可以将失稳火焰传播过程分为 3 个阶段：点火影响阶段；层流燃烧阶段和火焰失稳阶段，用于层流燃烧速度计算的数据应该取自 $R_{ignition}$ 和 R_{cr} 之间。

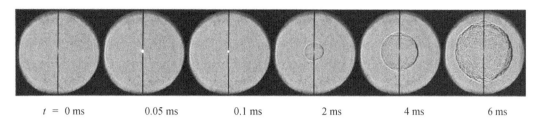

（a）典型失稳火焰传播过程

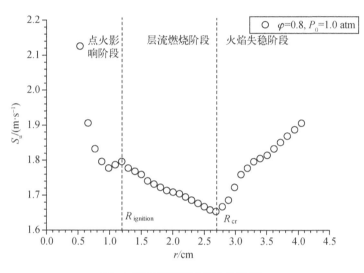

（b）火焰传播速度随火焰半径的变化

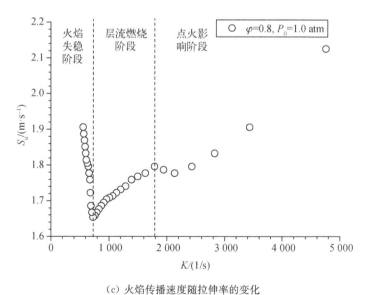

（c）火焰传播速度随拉伸率的变化

图 3.6　典型失稳火焰传播图像以及火焰传播速度随传播距离和拉伸速率的变化情况

　　研究表明,点火能量对火焰传播的影响主要表现在火焰传播的早期阶段,当火焰传播到临界距离 $R_{ignition}$ 后,点火能量的影响逐渐消失,用于外推层流燃烧速度的数据应从

$R_{ignition}$ 之后选取。Bradley 等人[133]认为,当火焰半径大于 6 mm 时,火焰传播不受点火能量的影响,但实验研究发现,火焰传播过程中点火能量的影响范围是根据实际燃料和条件决定的。壁面约束对火焰传播的影响主要体现在火焰临近燃烧室壁面时,当火焰传播到临界距离 $R_{confinement}$ 后,火焰速度受到燃烧室壁面的约束而降低,用于外推层流燃烧速度的数据应位于 $R_{confinement}$ 之前。本书研究采用的燃烧室直径为 300 mm,观察窗直径为 200 mm,可以得到足够多的数据用于层流燃烧速度的计算。此外,火焰在传播过程中因受到不稳定因素的影响可能会失去稳定性,以致不再保持层流燃烧状态,此时的实验数据同样不能用于层流燃烧速度的计算。综上所述,有效实验数据应取于稳定层流燃烧阶段,有效火焰半径应满足 $R_{ignition} < r < \min(R_{confinement}, R_{cr})$。

3.4　可靠性验证

为确保实验系统及数据处理方法的可靠性,本书实验研究所获得的数据都会与文献中给出的结果进行对比。图 3.7 是本实验研究获得的氢气/空气混合物层流燃烧速度和其他文献[48,68,78,79,81,134]中实验结果的对比,发现结果较吻合,表明本书的实验系统和数据处理方法可靠。

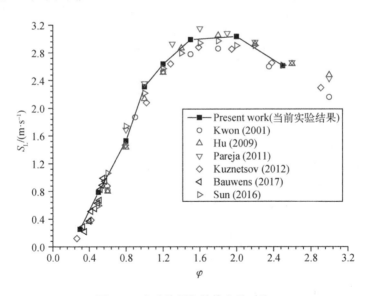

图 3.7　实验结果和其他文献对比

3.5　数值仿真方法

为研究一维层流火焰点火与其传播特性,选择预测能力较好的机理,通过一维模拟软件 Chemkin-pro 中的 Premix 程序来模拟层流预混火焰传播特性,计算得出不同初始条件下的火焰传播特性参数,再将其与实验结果进行对比,从而验证所使用机理的合理性和适用性。

Chemkin 软件是一款商用的化学反应动力学软件,通过采用详细基元反应来模拟气相反应和表面反应,该软件是由美国 SANDIA 国家实验室燃烧研究小组在 1980 年发生能源危机的时候开发的,Reaction Design 公司(以下简称 RD 公司)于 1997 年经 SANDIA 实验室授权对 Chemkin 软件进行进一步开发和发行,从而成为该软件的开发者和发行者。RD 公司提供多样化的 Chemkin 产品以满足不同客户的需求,Chemkin 系列软件包含三部分:Chemkin、Chemkin-pro、Kinetics。

Chemkin 系列软件凭借其强大的化学反应模块功能已经被广泛应用于燃烧、化学、化工、微电子和材料等领域,成为模拟气相化学反应和表面化学反应的标准工具,同时也成为化学、化工领域的教学工具。其中,Chemkin-pro 是一款专门为需要复杂机理的化学模拟而开发的软件,其先进的解算器和全特征设置能够支持特别应用模型快速而精准的开发,常用于燃烧过程、等离子体、气相沉积、催化过程等化学反应问题的模拟计算。

使用 Chemkin-pro 软件计算一般分为如下 6 个步骤:

(1) 确定仿真方式:在某些简易的系统中,对反应器模块的选用比较简单;在结构较为复杂的系统中,需要通过使用多种反应器模块联合来完成。

(2) 建立反应器系统:主要包含入口和反应器的连接部件。

(3) 准备必要的反应文件:设置预处理的化学组成文件,包括气相反应机理输入文件、表面反应机理输入文件(非必需)、物质的热物理参数、气相物质的输送参数。

(4) 设定反应器和进口条件参数:以几何参数、反应条件参数、算法参数为主。

(5) 准备热物理参数、质量运输参数的文件。

(6) 建立工程文件,运行模型。

Premix 是 Chemkin-pro 软件中研究一维稳态层流预混火焰的计算模块,通过 Premix 计算求解,可以获得详细的一维温度场、组分场和层流燃烧速度等参数。Premix 模块包含自由传播火焰(FSC:Flame-speed Calculation)和稳定燃烧火焰(BSF:Burner-stabilized Flame)两个子模块。其中,FSC 模块用于求解定压条件下给定入口温度的预混气体燃料的层流火焰传播速度、火焰温度和火焰厚度等重要燃烧特性参数;BSF 模块主要用于求解在已知质量和流动速率的情况下,火焰中不同组分的分布情况。Premix 求解层流预混燃烧问题的基本过程如图 3.8 所示,其主要流程如下:

(1) 利用 Chemkin-pro Interpreter 程序,将热力学参数文件、化学反应机理文件和气体扩散特性参数文件处理成数个包含化学反应、传输特性等重要信息的链接文件,提供给 Premix 模块调用;

(2) Premix 模块的"输入文件"中输入具体问题的各种参数并调用已生成的各种链接文件,对具体的燃烧问题进行求解;

（3）具体结果再通过绘图软件进行可视化处理，并输出其相应的计算数据。

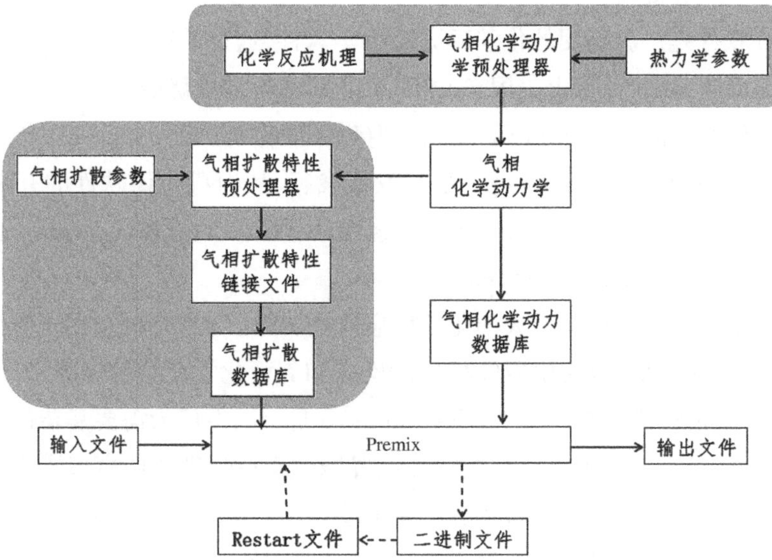

图 3.8　Premix 的求解过程

3.6　本章小结

本章系统地介绍了本书研究所建立的可燃气体混合物层流燃烧特性研究实验系统，并对实验方法数据处理和数值仿真方法进行了详细的描述，为后文的研究提供了理论和技术支持，主要包括以下几个方面。

（1）基于实验研究的目的和要求，搭建了一套由燃烧室、配气系统、点火系统、高速摄影系统、纹影系统、数据采集系统和控制系统组成的可燃气体层流燃烧特性研究实验系统，用于测试和记录火焰的整个传播过程。

（2）介绍了实验操作步骤以及相关初始条件的确定依据。

（3）讨论了运用球形扩展法计算层流燃烧速度，由于线性外推方法存在较大的误差，本研究采用准确性更高的非线性外推方法来计算预混可燃气体的层流燃烧速度。

（4）火焰传播过程中受点火能量、壁面约束和火焰稳定性影响，用于计算层流燃烧速度的有效实验数据范围应位于层流燃烧阶段，有效火焰半径应满足 $R_{\text{ignition}} < R < \min(R_{\text{confinement}}, R_{\text{cr}})$。

（5）将研究所得到的层流燃烧速度和已有文献的实验结果进行了对比，结果吻合得较好，由此也验证了实验系统的可靠性。

第四章 氢气/氧化剂混合物的层流燃烧

随着能源短缺和环境污染问题的日益加剧,寻找可替代能源已迫在眉睫。氢气燃烧产物只有水,不会产生碳排放污染等问题,因此逐渐受到广泛关注和重视。氢气完全燃烧放出的热量约为同质量甲烷的两倍多(液氢完全燃烧约为同质量汽油的 3 倍)[135],且燃烧产物只有水,无污染,被认为是最理想的替代能源。氢气在很多领域都有广泛的应用,主要包括交通、航天、发电、建筑、应急电源、通讯基站等方面[2]。但由于氢气反应活性高,火焰传播速度快且容易失稳,在储存、运输和使用的过程中极易发生火灾爆炸事故,给氢能源的普及带来了很大的困难。因此,有必要对氢气的基础燃烧特性进行深入研究,以加深对其详细反应机制的综合理解,从而为氢能源的开发和利用提供理论支持。

层流燃烧速度作为燃料的基本燃烧数据,是验证燃料化学反应机理的重要参数,因此对其展开研究是必不可少的。本章针对氢气/空气和氢气/氧气混合物,对其火焰传播过程开展了实验研究。通过高速摄影和纹影系统记录火焰传播轨迹,分析火焰传播过程,利用非线性外推方法对层流燃烧速度进行了实验测定,同时采用 Chemkin Pro 软件中的一维自由传播火焰模块[136]对层流燃烧速度进行了数值模拟。

4.1 氢气/空气混合物的火焰传播过程

为了研究氢气/空气混合物在不同当量比和初始压力下的层流燃烧特性,对在当量比 $\varphi = 0.3 \sim 2.5$,初始压力 $P_0 = 0.2 \sim 2$ atm 范围内变化的氢气/空气混合物的火焰传播过程进行了实验研究。火焰传播过程的分析是研究层流燃烧速度的前提,下面对氢气/空气混合物球形火焰传播过程及其影响因素和规律进行分析。

4.1.1 当量比对火焰传播过程的影响

图 4.1 显示了常压下氢气/空气混合物在不同当量比时火焰传播的纹影图像,其中零时刻为点火时刻。从图中可以看出,电极放电之后,形成明亮的高温火核,点燃燃烧室中心的预混可燃气体,火焰会随着时间的增长,呈近似球形向四周扩展。随着当量比从 0.5 增加到 1.5,火焰在 4 ms 内传播的距离明显增加,说明火焰传播速度增大;随着当量比进一步增加到 2.5,火焰在 4 ms 内传播的距离会减少,说明火焰传播速度减小。因此,随着当量比的增加,火焰传播速度先增大后减小,最大值出现在富燃料一侧,这与大多数可燃气体一致。

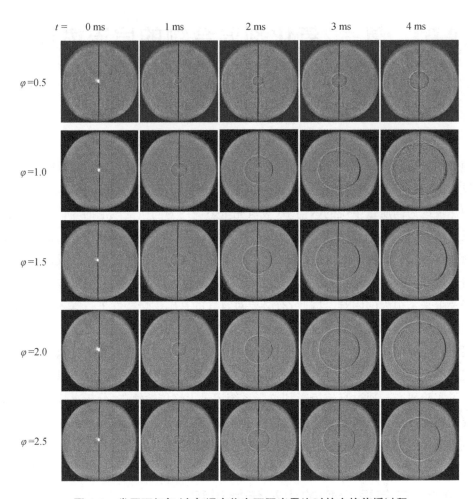

图 4.1 常压下氢气/空气混合物在不同当量比时的火焰传播过程

通过火焰传播纹影图像，可以得到不同时刻的火焰前锋面位置，图 4.2 所示为氢气/空气混合物在不同当量比时火焰半径与时间的关系。从图中可以看出，在当量比为 0.5 时，火焰传播至半径 6 cm 处经历了大约 9.9 ms，火焰半径随时间的增长速度明显低于其他当量比；在当量比为 1.5 时，火焰传播至半径 6 cm 处仅用了 3.5 ms，此时火焰半径随时间的增长速度最快，说

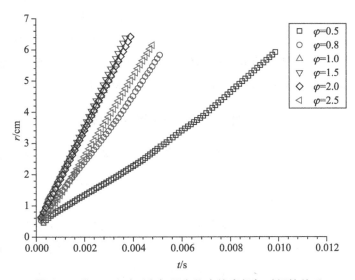

图 4.2 常压下氢气/空气混合物火焰半径与时间的关系

明火焰传播速度最大;在当量比大于 1.5 时,随着当量比的增大,火焰半径随时间的增长速度会减慢,说明火焰传播速度降低。

利用火焰半径对时间求导可以获得已燃气体的拉伸火焰传播速度 S_b,图 4.3 为拉伸火焰传播速度与火焰半径的关系,从图中可以看出,在火焰传播初期,点火能量会造成一定的影响,在点火时刻产生一个较高的火焰速度,随着火焰的传播,点火能量带来的影响很快消失,逐渐开始形成稳定的层流燃烧过程。在当量比为 1.5、2.0 和 2.5 时,火焰在发展到较大的半径后,其传播速度明显下降,这是燃烧室壁面的约束作用造成的;在当量比为 0.5、0.8 和 1.0 时,火焰在发展到一定半径后,其传播速度开始上升,这是火焰失稳所导致的,此时从火焰纹影图像上可以观察到裂纹和褶皱,火焰不再保持层流燃烧状态。

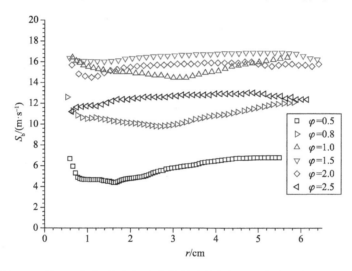

图 4.3　常压下氢气/空气混合物拉伸火焰传播速度与火焰半径的关系

4.1.2　初始压力对火焰传播过程的影响

图 4.4 显示了在理论当量比条件下,氢气/空气混合物在不同初始压力时火焰传播的纹影图像,从图中可以看出,在初始压力为 0.5 atm 时,火焰传播最慢。随着初始压力从 0.5 atm 增大到 1.0 atm,火焰在相同时间内传播的距离增加,说明火焰传播在加速。在正压条件下,初始压力对火焰传播轨迹的影响并不明显。

图 4.5 显示了理论当量比下氢气/空气混合物在不同初始压力时火焰半径与时间的关系。从图中可以看出,在初始压力为 0.5 atm 时,火焰半径随时间的增长速度最慢,此时火焰传播至半径 6 cm 处耗时约 6 ms;随着初始压力的增大,火焰传播至 6 cm 处所用时间缩短,在初始压力为 1.0 atm 时耗时最短,大约为 3.6 ms,此时火焰传播速度最大;随着初始压力进一步增大到 1.2 atm,火焰传播至半径 6 cm 处所用时间略微增多;在初始压力为 1.5 atm 时,火焰半径随时间的增长曲线与初始压力为 1.2 atm 时十分接近,说明火焰传播速度变化有限。

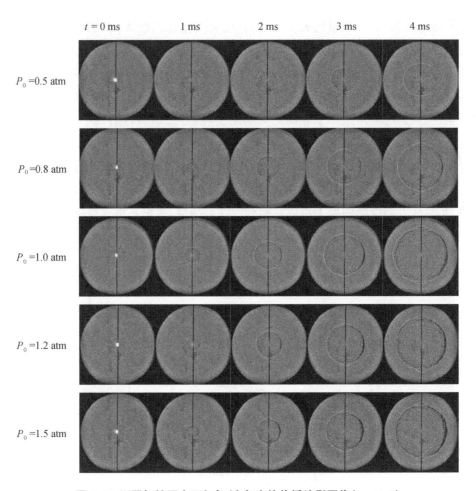

图 4.4　不同初始压力下氢气/空气火焰传播纹影图像($\varphi=1.0$)

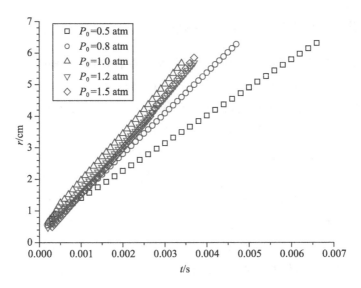

图 4.5　氢气/空气混合物火焰半径与时间的关系($\varphi=1.0$)

图 4.6 显示了理论当量比时的氢气/空气混合物在不同初始压力下已燃气体拉伸火焰传播速度与火焰半径的关系。从图中可以看出,在初始压力为 0.5 atm 时,火焰传播速度最小;随着初始压力增加到 1.0 atm,S_b-r 曲线上移,说明火焰传播速度增大;在初始压力大于 1.0 atm 时,随着初始压力的增大,火焰传播速度的变化并不明显;在初始压力为 1.0 atm、1.2 atm 和 1.5 atm 时,火焰传播到一定半径后都出现了火焰加速现象,并且初始压力越大,火焰加速现象越明显。

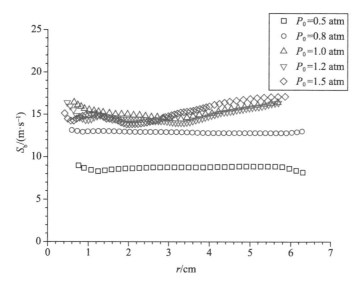

图 4.6　氢气/空气混合物拉伸火焰传播速度与火焰半径的关系($\varphi=1.0$)

4.2　氢气/空气混合物的火焰拉伸行为

球形火焰在膨胀过程中,会受到火焰拉伸的作用,由拉伸率的定义可知,随着火焰的传播,拉伸率随着火焰半径的增加而逐渐降低。用于层流燃烧速度计算的实验数据必须位于层流燃烧阶段,图 4.7 显示了不同初始条件(当量比和初始压力)下,氢气/空气混合物层流燃烧阶段的拉伸火焰传播速度(火焰面相对于未燃气体的速度)与拉伸率的关系,并对二者之间的非线性关系进行了拟合。

图 4.7(a)显示了初始压力为 0.5 atm 时,拉伸火焰传播速度与拉伸率之间的关系。从图中可以看出,在当量比为 0.3 和 0.5 时,拉伸火焰传播速度随着拉伸率的增加而逐渐增大;而对于当量比为 1.0、1.5 和 2.0 的氢气/空气混合物,拉伸火焰传播速度随着拉伸率的增加会逐渐降低。

图 4.7(b)显示了初始压力为 0.8 atm 时,拉伸火焰传播速度随拉伸率的变化规律。从图中可以看出,在当量比为 0.3、0.5 和 1.0 时,拉伸火焰传播速度随着拉伸率增加而增大;在当量比为 1.5 和 2.0 时,拉伸火焰传播速度随着拉伸率的增加而降低。对比图 4.7

(a)和图 4.7(b)可以发现从初始压力 0.5 atm 增大到 0.8 atm 时,理论计量比时的氢气/空气混合物拉伸火焰传播速度随拉伸率的变化趋势发生改变。

图 4.7(c)和图 4.7(d)显示了初始压力为 1.0 atm 时,氢气/空气混合物拉伸火焰传播速度与拉伸率的关系。从图中可以看出,在当量比为 0.3、0.5、0.8、1.0 和 1.2 时,随着火焰传播过程中拉伸率的增加,拉伸火焰传播速度逐渐增大;在当量比为 1.5、2.0 和 2.5 时,拉伸火焰传播速度随着拉伸率的增加而逐渐减小。

图 4.7(e)和图 4.7(f)分别显示了初始压力为 1.2 atm 和 1.5 atm 时,氢气/空气混合物拉伸火焰传播速度与拉伸率的关系。从图中可以看出,在不同当量比条件下,随着火焰拉伸率的增加,拉伸火焰传播速度均呈现出增大的趋势,且当量比越小,增大趋势越明显。

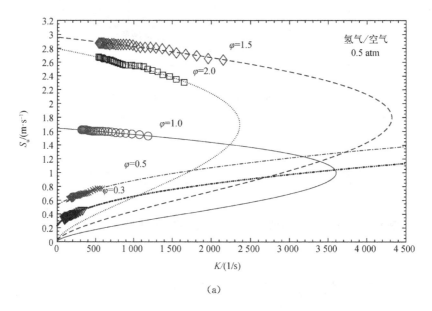

(a)

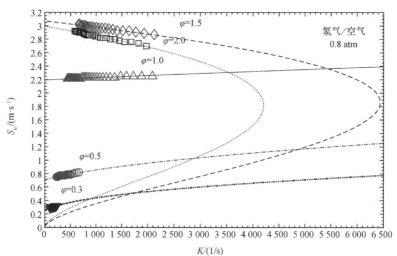

(b)

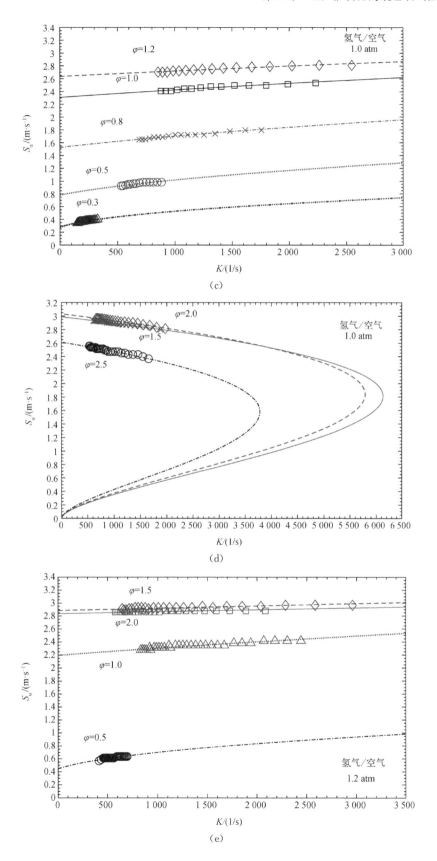

（c）

（d）

（e）

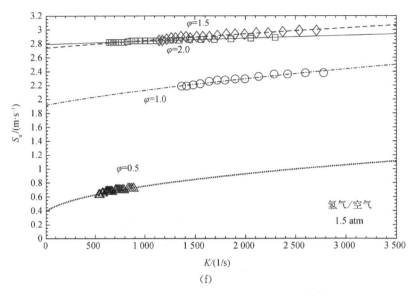

(f)

图 4.7　氢气/空气混合物拉伸火焰传播速度与拉伸率的关系

4.3　氢气/空气混合物的层流燃烧速度

层流燃烧速度是指零拉伸时火焰面相对于未燃混合气的速度,可根据球形拉伸火焰传播速度 S_u 与拉伸率之间的非线性关系,结合第三章中详细介绍的非线性外推方法得到。本节对氢/空气混合物在不同当量比(0.3~2.5)和初始压力(0.2~2 atm)条件下的层流燃烧速度进行了研究。

4.3.1　当量比对层流燃烧速度的影响规律分析

图 4.8 显示了不同初始压力下氢气/空气混合物在不同当量比时的层流燃烧速度,并将实验结果与前人研究进行了对比,结果表明具有较好的一致性。从图中可以看出,在不同初始压力条件下,随着当量比的增加,氢气/空气混合物层流燃烧速度变化趋势一致,均为先增加后减小,最大层流燃烧速度位于富燃料一侧(1.5≤φ≤2.0),这是由绝热火焰温度和燃料扩散性决定的[6]。

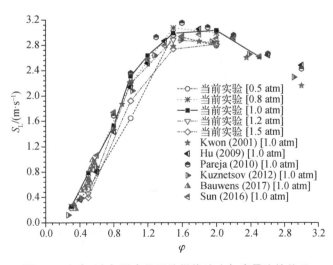

图 4.8　氢气/空气混合物层流燃烧速度与当量比的关系

以初始压力为 1.0 atm 为例,随着当量比从 0.3 增大到 1.5,层流燃烧速度从 0.253 m/s 增加至 2.989 m/s,而当量比大于 2.0 后,层流燃烧速度开始逐渐减小。

在实验测试的基础上,同时对氢气/空气混合物的层流燃烧速度进行了数值模拟研究,研究所用的机理为 GRI-Mech 3.0[137] 和 USC-Mech Ⅱ[138]。GRI-Mech 3.0 包含 53 种物质,325 步基元反应,主要用于天然气火焰的研究,也可以用于氢气/空气火焰的模拟。USC-Mech Ⅱ 包含 111 种物质,784 步基元反应,主要用于氢气以及低碳氢燃料火焰的研究。常压下氢气/空气混合物层流燃烧速度的实验结果和模拟结果如图 4.9 所示。从图中可以看出,GRI-Mech 3.0 和 USC-Mech Ⅱ 很好地预测了富燃料情况下的层流燃烧速度,偏差控制在 5% 以内,但在高贫燃区域($\varphi \leqslant 0.5$),两种模型都低估了氢气/空气混合物的层流燃烧速度。

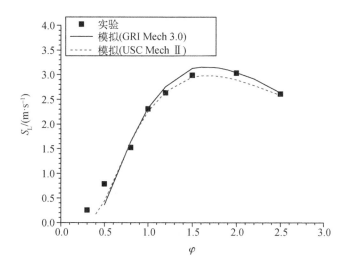

图 4.9　常压下氢气/空气混合物层流燃烧速度的实验值与理论预测值

4.3.2　层流燃烧速度随初始压力的变化

不同当量比条件下的氢气/空气混合物层流燃烧速度随初始压力的变化情况如图 4.10 所示。从图中可以看出,对于当量比为 0.3 的氢气/空气混合物,初始压力对层流燃烧速度的影响不明显;对于当量比为 0.5、1.0、1.5 和 2.0 的氢气/空气混合物,其层流燃烧速度随着初始压力的增加呈现先增后减的趋势,最大层流燃烧速度出现在 0.8～1.0 atm 的压力范围内。在较低的初始压力下,氢燃料的体积浓度低,当氢燃料的体积浓度低于临界值时,火焰将减弱并淬火,因此当初始压力低于临界值时,氢气/空气混合物层流燃烧速度随着初始压力的降低而逐渐减小。在高压范围内时,Law[13] 等人研究了初始压力在 1～100 atm 范围内的层流燃烧速度变化规律,发现层流燃烧速度随着初始压力的增加而减小,跟本实验所得结果一致。

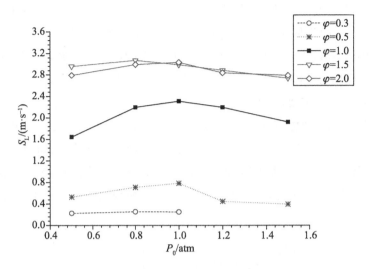

图 4.10　氢气/空气混合物层流燃烧速度与初始压力的关系

4.3.3　经验拟合关系

　　根据实验结果,常压下氢气/空气混合物层流燃烧速度随当量比变化的拟合公式可以通过多项式拟合直接给出,见式(4.1)。图 4.11 所示为层流燃烧速度实验值和拟合值的对比。从图中可以看出,拟合公式可以很好地预测常压下和不同当量比(0.3~2.5)条件下氢气/空气混合物的层流燃烧速度。

$$S_L(\varphi) = 0.381\,56 - 2.966\,1\varphi + 10.981\,09\varphi^2 - 8.609\,91\varphi^3 + 2.743\,47\varphi^4 - 0.323\,82\varphi^5 \tag{4.1}$$

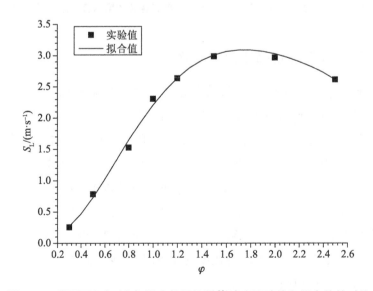

图 4.11　常压下氢气/空气混合物层流燃烧速度实验值和拟合值的对比

4.4　氢气/氧气混合物的火焰传播过程

氢氧燃烧被广泛应用于航天领域,为了更好地理解氢气/氧气的燃烧机制,本节对不同当量比和初始压力条件下的氢气/氧气混合物的火焰传播过程进行了研究。

4.4.1　不同当量比下的火焰传播

为了研究当量比对氢气/氧气混合物层流燃烧特性的影响,对当量比在 0.5～1.5 范围内变化的火焰传播过程进行了实验研究。图 4.12 所示为常压下,氢气/氧气混合物在不同当量比时的火焰传播纹影图像。从图中可以看出,氢气在氧气中燃烧时的火焰传播速度极快,远大于在空气中的传播速度,火焰面从燃烧室中心传播至可观察区域之外的过程耗时约 1.2 ms。随着当量比从 0.5 增加到 1.0,火焰在相同时间内传播的距离增加,说明火焰传播速度增大;随着当量比进一步增加到 1.5,火焰在相同时间内传播的距离减少,说明火焰传播速度减小。

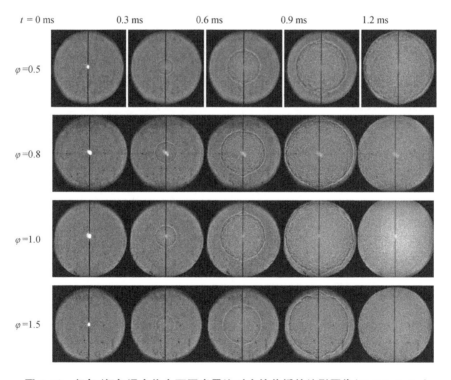

图 4.12　氢气/氧气混合物在不同当量比时火焰传播的纹影图像($P_0 = 1.0$ atm)

图 4.13 所示为不同当量比下氢气/氧气混合物火焰半径与时间的关系。从图中可以看出,在当量比为 0.5 时,火焰半径随时间的增长速度最慢;随着当量比从 0.5 增加到 1.0,火焰半径随时间的增长速度升高;随着当量比进一步增加到 1.5,火焰半径随时间的

增长速度降低,这说明随着当量比的增大,火焰传播速度先增大后减小,与火焰传播纹影图像结果一致。

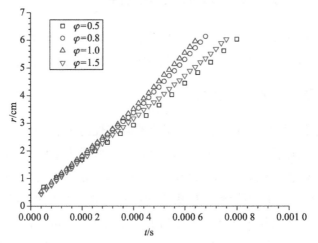

图 4.13　不同当量比时火焰半径与时间的关系($P_0 = 1.0$ atm)

图 4.14 显示了不同当量比下氢气/氧气混合物火焰传播速度与火焰半径的关系。从图中可以看出,在初始压力为 1.0 atm 时,不同当量比下的氢气/氧气混合物火焰传播速度与火焰半径的变化趋势相同。在火焰发展初期,随着火焰半径的增大,火焰传播速度逐渐减小,当火焰传播到一定半径后,由于火焰失稳,其传播速度迅速增大,层流燃烧状态就会向湍流燃烧状态转变。

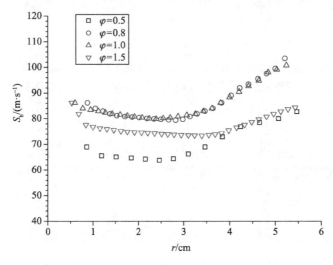

图 4.14　不同当量比时火焰传播速度与火焰半径的关系($P_0 = 1.0$ atm)

4.4.2　不同初始压力下的火焰传播

为了研究初始压力对氢气/氧气混合物层流燃烧特性的影响,接下来进行了初始压力在 0.1~1.5 atm 范围内变化的火焰传播实验。图 4.15 显示了理论当量比下氢气/氧气混合物在不同初始压力时火焰传播的纹影图像。从图中可以看出,初始压力对氢气/氧气混合物火焰传播速度的影响较为明显,对比不同初始压力下氢气/氧气混合物火焰在相同时间内传播的距离可以发现,初始压力越大,火焰传播越快,说明火焰传播速度越大。当初始压力较高时,火焰传播速度变大,且火焰很早就会失去稳定性,以致层流燃烧阶段缩短,可用于分析和处理的有效实验数据范围很小,因此对于大初始压力条件下的氢气/氧气混合物层流燃烧速度难以通过本实验方法来获得。

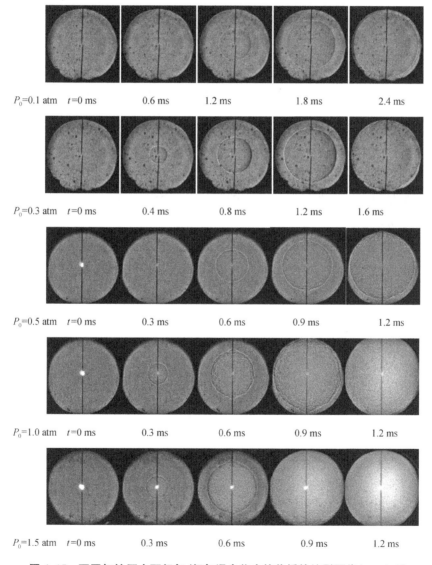

图 4.15 不同初始压力下氢气/氧气混合物火焰传播的纹影图像($\varphi = 1.0$)

图 4.16 所示为不同初始压力下氢气/氧气混合物火焰半径与时间的关系。从图中可以看出,随着初始压力的增加,$r\text{-}t$ 曲线斜率明显增大,这说明火焰传播速度增大。

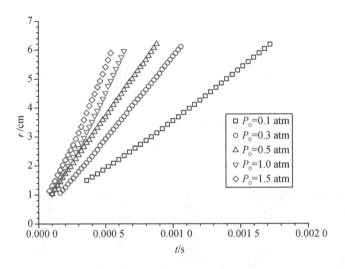

图 4.16　不同初始压力下火焰半径与时间的关系($\varphi=1.0$)

　　图 4.17 显示了不同初始压力下氢气/氧气混合物已燃气体球形火焰传播速度与火焰半径的关系。如图可知,在初始压力为 0.1 atm 和 0.3 atm 时,火焰传播速度随火焰半径的增加而逐渐增大;在初始压力为 0.5 atm、1.0 atm 和 1.5 atm 时,火焰传播速度随着火焰半径的增加呈现出先减小后增大的变化趋势,在初始压力为 1.0 atm 和 1.5 atm 时,火焰加速现象十分明显。

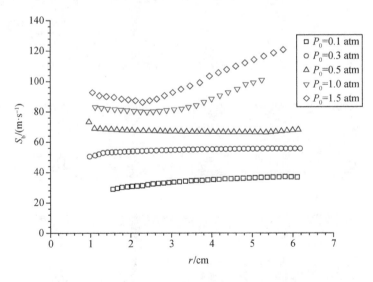

图 4.17　不同初始压力下火焰传播速度与火焰半径的关系($\varphi=1.0$)

4.5　氢气/氧气混合物的火焰拉伸行为

　　图 4.18 显示了氢气/氧气混合物层流燃烧阶段拉伸火焰传播速度与拉伸率的关系,并

对二者之间关系进行了非线性拟合。图 4.18(a)为初始压力为 0.1 atm 情况下,在不同当量
比时拉伸火焰传播速度随拉伸率的变化情况。从图中可以看出,对于不同当量比条件下的
氢气/氧气混合物,拉伸火焰传播速度随着拉伸率的增加而逐渐降低。当初始压力增大为
0.5 atm 时,氢气/氧气混合物在当量比为 0.8、1.0 和 1.5 时,拉伸火焰传播速度随拉伸率的
变化趋势保持不变,仍随拉伸率的增加而降低,但当量比降低为 0.5 时,二者关系发生变化,
随着拉伸率的增加,拉伸火焰传播速度呈现出升高的趋势,如图 4.18(b)所示。当初始压力
为 0.5 atm 和 1.0 atm 时,不同当量比条件下的氢气/氧气混合物拉伸火焰传播速度都随着
拉伸率的增加而逐渐增大,当量比越小,增大趋势越明显,如图 4.18(c)和图 4.18(d)所示。

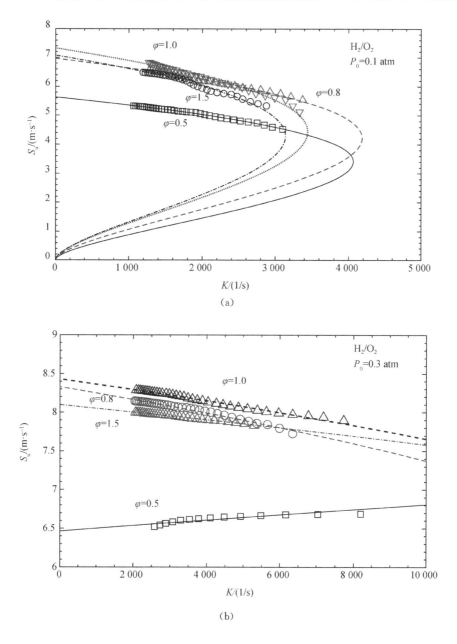

(a)

(b)

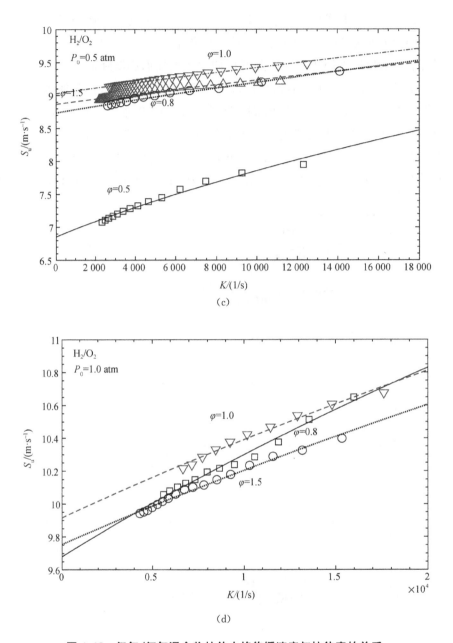

图 4.18　氢气/氧气混合物拉伸火焰传播速度与拉伸率的关系

4.6　氢气/氧气混合物的层流燃烧速度

4.6.1　当量比的影响

对氢气/氧气混合物在层流燃烧阶段拉伸火焰传播速度与拉伸率之间的非线性关系

进行拟合,将曲线外推至拉伸率等于零的位置,就可以得到预混可燃气体的无拉伸火焰传播速度(火焰面相对于未燃气的速度),即为层流燃烧速度。图 4.19 显示了氢气/氧气混合物在不同初始压力条件下的层流燃烧速度随当量比的变化规律。从图中可以看出,不同初始压力下的氢气/氧气混合物层流燃烧速度的最大值均出现在理论当量比时,此时混合物完全反应,放出更多的热量。当混合气体当量比远离理论当量比时,层流燃烧速度都会减小。氢气/氧气混合物当量比小于 1 时,随着当量比降低,层流燃烧速度下降

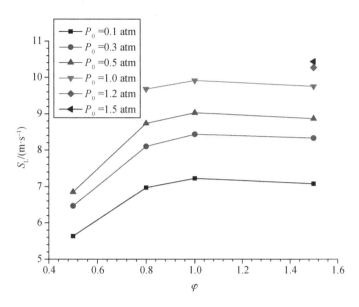

图 4.19　氢气/氧气混合物层流燃烧速度与当量比的关系

的速度较为明显;而当量比大于 1 时,层流燃烧速度变化相对缓慢。

图 4.20(a)和图 4.20(b)分别为氢气/氧气混合物在初始压力为 0.3 atm 和 0.5 atm 时层流燃烧速度的实验测量值和理论预测值。从图中可以看出,在初始压力为 0.3 atm,当量比大于 0.5 时,GRI-Mech 3.0 表现出良好的预测性(偏差在 1% 以内),但在当量比为 0.5 时的预测值偏高,偏差为 4%;当初始压力为 0.5 atm 时,最大偏差同样在当量比 0.5 处,偏差为 6%,在当量比为 0.8、1.0 和 1.5 时,偏差在 2.5% 以内。

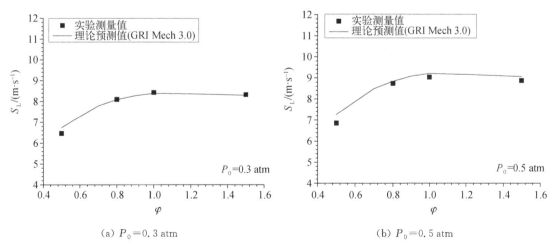

(a) $P_0=0.3$ atm　　　　　　　　(b) $P_0=0.5$ atm

图 4.20　氢气/氧气混合物层流燃烧速度实验值与理论预测值

4.6.2　初始压力对层流燃烧速度的影响规律分析

同时研究了初始压力对氢气/氧气混合物层流燃烧速度的影响,图 4.21 显示了不同当量比时氢气/氧气混合物层流燃烧速度与初始压力的关系。从图中可以看出,与氢气/空气不同,氢气/氧气混合物的层流燃烧速度对初始压力的变化具有较高的敏感度,随着初始压力的增加而显著增大,在低压条件下表现尤其显著。对于理论当量比下的氢气/氧气混合物,随着初始压力从 0.1 atm 升高到 1.0 atm,层流燃烧速度也从 7.227 m/s 迅速增大到 9.916 m/s。

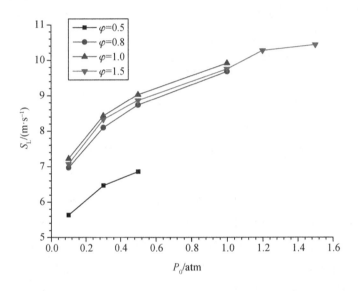

图 4.21　不同当量比时氢气/氧气混合物层流燃烧速度与初始压力的关系

4.6.3　层流燃烧速度随当量比和初始压力变化规律的拟合关系

实验的测试点一般是有限的,为了拓宽实验数据的使用范围,本节给出了氢气/氧气混合物层流燃烧速度的经验拟合公式。学者们对层流燃烧速度实验结果的经验拟合大都采取了 Metghalchi 和 Keck[139]建议的层流燃烧速度表达公式:

$$S_L(\varphi) = S_{L,0}(\varphi)\left(\frac{T_u}{T_0}\right)^{\alpha_T(\varphi)}\left(\frac{P_u}{P_0}\right)^{\beta_P(\varphi)} \tag{4.2}$$

式中:0 指的是参考工况;$S_{L,0}$ 为参考工况下的层流燃烧速度;$\alpha_T(\varphi)$ 和 $\beta_P(\varphi)$ 分别为层流燃烧速度对初始温度和初始压力的依赖指数。

温度一定时,可简化为:

$$S_L(\varphi) = S_{L,0}(\varphi)\left(\frac{P_u}{P_0}\right)^{\beta_P(\varphi)} \tag{4.3}$$

两端求对数：

$$\ln \frac{S_{\mathrm{L}}(\varphi)}{S_{\mathrm{L},0}(\varphi)} = \beta_P(\varphi)\ln\left(\frac{P_{\mathrm{u}}}{P_0}\right) \tag{4.4}$$

选取常温、初始压力为 0.5 atm 条件下实验测量的层流燃烧速度作为参考速度，可以得到压力指数 β_P 与当量比的关系。通过多项式拟合可以得到 β_P 随当量比的变化关系式，见式(4.5)。再结合常温、初始压力为 0.5 atm 条件下，氢气/氧气混合物层流燃烧速度随当量比的拟合公式(4.6)，就可以求出不同当量比(0.5～1.5)和初始压力(0.1～1.0 atm)条件下的层流燃烧速度。图 4.22 显示了利用经验公式拟合出来的层流燃烧速度曲线，并与实验测量值进行了对比。从图中可以看出，经验拟合公式可以很好地预测不同当量比(0.5～1.5)和初始压力(0.1～1.0 atm)条件下的层流燃烧速度。

$$\beta_P(\varphi) = 0.038\,34 + 0.238\,29\varphi - 0.163\,57\varphi^2 + 0.035\,52\varphi^3 \tag{4.5}$$

$$\begin{aligned} S_{\mathrm{L},0}(\varphi) = {} & -2.452\,77 + 25.564\,99\varphi - 8.169\,91\varphi^2 - 19.226\,08\varphi^3 + \\ & 17.700\,26\varphi^4 - 4.393\,89\varphi^5 \end{aligned} \tag{4.6}$$

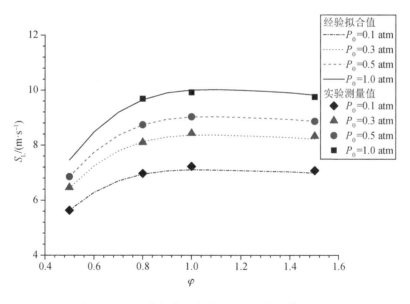

图 4.22　经验公式拟合结果和实验结果的对比

4.7　本章小结

本章针对氢气/空气和氢气/氧气开展了不同当量比和初始压力条件下的火焰传播实验，利用非线性外推方法测定了一系列层流燃烧速度数据，同时对不同燃料/氧化剂的层流燃烧速度进行了数值模拟，对现有机理模型进行了验证。主要结论如下：

对于氢气/空气混合物,在不同初始压力条件下,氢气/空气混合物层流燃烧速度均随着当量比的增加呈现出先增大后减小的变化趋势,最大层流燃烧速度出现在富燃区域(1.5≤φ≤2.0);初始压力对氢气/空气混合物层流燃烧速度的影响是有限的,随着初始压力的增加,层流燃烧速度先小幅升高后逐渐降低,峰值出现在0.8~1.0 atm的压力范围内;GRI-Mech 3.0和USC-MechⅡ对富燃料情况下的层流燃烧速度都具有较好的预测能力,但在高贫燃区域(φ≤0.5)时,层流燃烧速度的预测值偏高。

对于氢气/氧气混合物,不同初始压力条件下的氢气/氧气混合物层流燃烧速度均在理论当量比时取得最大值,当混合气体当量比偏离理论当量比时,层流燃烧速度下降,贫燃情况下的混合物层流燃烧速度下降趋势会更加明显;不同于氢气/空气混合物,氢气/氧气混合气体的层流燃烧速度随着初始压力的增加会显著增大,在理论当量比时,随着初始压力从0.1 atm升高到1.0 atm,层流燃烧速度也从7.227 m/s迅速增大到9.916 m/s。为了拓宽实验数据的使用范围,本章还给出了层流燃烧速度的经验拟合公式,可以更好地预测不同当量比(0.5~1.5)和初始压力(0.1~1.0 atm)条件下的实验结果。

第五章　氨气/氧化剂混合物的层流燃烧

　　氨气广泛应用于农业、工业生产和电力部门，是世界上消耗最多的化学品之一[140]，同时也是一种具有良好物理性质的清洁能源载体和储存介质[141]。与化石燃料相比，氨气不含碳所以不会产生碳排放的问题；与氢气相比，氨气的制备工艺简单廉价，在较低的压力（0.8 MPa）下就可以液化，每单位储存能量的成本较低，在生产、储存和运输等方面都已经建立了成熟可靠的基础设施[142-144]。尽管将氨气作为燃料还存在一些问题，但由于其低成本、零碳排放和高辛烷值等诸多优点，氨气仍然是最具吸引力的可替代燃料之一[85-89]。氨燃料的开发和利用需要充分了解氨气的基本火焰特性，但由于氨气的反应活性较低且燃烧速度慢，难以准确获得相关基础燃烧数据，氨气火焰的基本燃烧特性至今尚未得到充分研究。本章针对氨气/空气和氨气/氧气混合物，对其火焰传播过程开展了实验研究，提出了低燃速火焰层流燃烧速度的评估方法，得到了一系列氨燃料的基础燃烧数据，这也丰富了气体燃烧理论。

5.1　浮力对氨气/空气混合物火焰传播过程的影响

　　图 5.1 显示在常压下理论当量比时氨气/空气混合物火焰传播的纹影图片。从图中可以看出，预混可燃气体点火后，火焰以点火源为中心向四周缓慢扩展，当火焰传播到一定距离后，火焰面逐渐向上飘移，导致火焰变形，球面被挤压成近似椭球面。

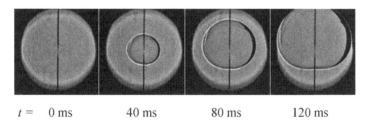

$t =$　　0 ms　　　　40 ms　　　　80 ms　　　　120 ms

图 5.1　常压下氨气/空气混合物在理论当量比时的火焰传播过程

　　严格来说，大多数火焰都存在浮力效应。对于氢气/空气这种层流燃烧速度较高的燃料/氧化剂混合物，浮力效应引起的火焰上升速度很小，可以忽略不计，中心点火的火焰可视为向外膨胀的球形火焰，层流燃烧速度等火焰参数可以通过球形膨胀火焰的传播历史来获得[145-148]。但对于层流燃烧速度极低、浮力效应明显的火焰，如氨气/空气火焰，由于

47

火焰前缘曲率和应变不均匀,火焰前缘在不同点处的传播速度不同,火焰的传播不再是向外扩张的球形火焰,而是向外扩张的准椭球形火焰。

为便于分析火焰的传播,引入等效球形火焰来表示准椭球形火焰在无浮力影响时的传播。准椭球形火焰的水平轴长度和垂直轴长度分别用 a 和 b 表示,如图 5.2 所示。图中,V_f 是等效球形膨胀火焰的传播速度;V_b 为浮力诱导的准椭球形火焰在水平轴末端处变形速度的垂直分量;V_{b1} 和 V_{b2} 分别是浮力诱导的准椭球形火焰在垂直轴上、下端处变形速度的垂直分量;V_e 是浮力诱导的准椭球形火焰在水平轴末端处变形速度的水平分量。

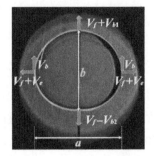

图 5.2 浮力效应引起的椭球形火焰示意图

在某一时刻 t,准椭球形火焰的水平轴长度 a 和垂直轴长度 b 可以通过火焰传播纹影图像获得。水平轴长度的变化率 $\dot{a}$ 可以表示为:

$$\dot{a} = \frac{\mathrm{d}a}{\mathrm{d}t} = 2V_f + 2V_e \tag{5.1}$$

垂直轴长度的变化率 $\dot{b}$ 可以表示为:

$$\dot{b} = \frac{\mathrm{d}b}{\mathrm{d}t} = 2V_f + V_{b1} - V_{b2} \tag{5.2}$$

浮力影响的准椭球形火焰的传播过程可视为等效球形膨胀过程和浮力诱导变形过程的组合。在没有浮力作用的情况下,火焰将以球形火焰的形状向外传播,就像在微重力环境中或在具有高层流燃烧速度的混合物中一样,此时仅存在火焰膨胀速度 V_f;当存在浮力作用时,火焰将受到挤压或者拉伸,火焰形状发生改变,此时还存在由浮力所引起的上浮速度以及因挤压或者拉伸所产生的横向变形速度,如图 5.3 所示。

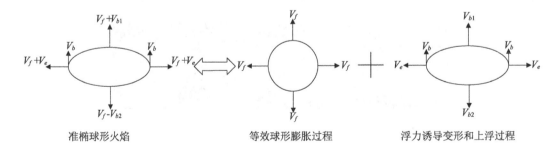

准椭球形火焰　　　　　等效球形膨胀过程　　　　　浮力诱导变形和上浮过程

图 5.3 浮力作用示意图

等效球形火焰和受浮力影响的准椭球形火焰的燃料消耗率相等。因此,浮力作用只会引起火焰面形状改变,而不会造成燃烧产物体积变化,即

$$\frac{4}{3}\pi r_{sp}^3 - \frac{4}{3}\pi \left(\frac{a}{2}\right)^2 \frac{b}{2} \tag{5.3}$$

$$\frac{\mathrm{d}}{\mathrm{d}t}\left(\frac{4}{3}\pi r_{sp}^3\right)=\frac{\mathrm{d}}{\mathrm{d}t}\left[\frac{4}{3}\pi\left(\frac{a}{2}\right)^2\frac{b}{2}\right] \tag{5.4}$$

式中：r_{sp} 为准椭球形火焰对应的等效球形火焰半径。因此，等效球形火焰半径及其变化率可以表示为：

$$r_{sp}=\frac{1}{2}a^{\frac{2}{3}}b^{\frac{1}{3}} \tag{5.5}$$

$$\frac{\mathrm{d}r_{sp}}{\mathrm{d}t}=\frac{1}{3}\left(\frac{b}{a}\right)^{\frac{1}{3}}\dot{a}+\frac{1}{6}\left(\frac{a}{b}\right)^{\frac{2}{3}}\dot{b}=V_f \tag{5.6}$$

通过公式(5.1)～(5.6)，可以从获得的火焰传播纹影图像中，提取到去除了浮力影响的球形膨胀火焰的传播速度 V_f。通过进一步分析，利用非线性外推方法即可得到层流燃烧速度。氨气／空气混合气体火焰的发展模式可以用浮力引起的水平变形总速度 $2V_e$ 和垂直变形总速度 $V_{b1}-V_{b2}$ 表示，分别可以由式5.1和式5.2得到。当 $2V_e>V_{b1}-V_{b2}$ 时，垂直方向受到压缩，火焰变平；当 $2V_e<V_{b1}-V_{b2}$，火焰垂直方向受到拉伸，水平方向变薄。

图5.4显示了当量比为1.0，初始压力为1.0 atm，点火能为1 J情况下的氨气/空气混合物火焰形成和传播的纹影图像。从图中可以看到，由于浮力的影响，火焰在向外传播时，火焰面发生上移，导致火焰变形。通过分析图像可以获得垂直轴长度的变化率 $\dot{a}$ 和水平轴长度的变化率 $\dot{b}$，通过公式(5.1)～(5.6)可以得到浮力引起的垂直方向变形总速度 $(V_{b1}-V_{b2})$ 和水平方向变形总速度 $(2V_e)$ 以及等效球形膨胀火焰传播速度 (V_f)，结果如图5.5所示。从图中可以看出，在点火时刻，由于电极放电会产生冲击波，火焰以相对较高的速度传播；点火之后，火焰的传播速度迅速下降，并且浮力引起的垂直方向上的变形总速度经历了先增大后减小的过程，最大变形速度为 0.149 m/s，而水平方向上的变形总速度经历了先减小后增大的过程，最小变形速度为 -0.121 m/s。从图5.5中可以看到，在 T_{cr1} 和 T_{cr2} 这两个时刻，火焰在水平和垂直方向上由于浮力所引起的变形速率变为零，我们将这些时刻称为临界时间。从图5.4和图5.5中可以看到，电火花点燃后，氨气／空气混合物火焰以点火源为中心呈扁平的准椭球形向外扩展，水平方向上的变形速度大于垂直方向，火焰变得更扁平。随着火焰的传播，在临界时间 T_{cr1}（图5.5中的2.3 ms)时，水平和垂直方向上的变形速度均变为零。在 T_{cr1} 之后，浮力引起的垂直方向上的变形速度变得大于水平方向上的变形速度，火焰水平方向变薄。在临界时间 T_{cr2}（图5.5中的18.6 ms)时，水平和垂直轴的变化率再次变为零。在 T_{cr2} 之后，浮力引起的垂直方向上的变形速度变得小于水平方向上的变形速度，火焰变得更平坦。

氨气/空气混合物火焰的水平轴长度与垂直轴长度之比随时间的变化如图5.6所示。从图中可以看出，随着火焰的发展，氨气/空气混合物火焰的水平轴长度与垂直轴长度之比首先迅速减少，然后缓慢增加，但在整个火焰传播过程中，该比值始终大于1，这说明火焰一直处于扁平状态。

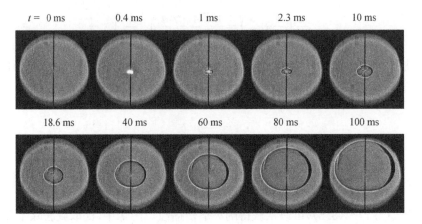

图 5.4　氨气/空气混合物火焰形成和传播过程($\varphi=1.0$, $P_0=1.0$ atm, $E_0=1.0$ J)

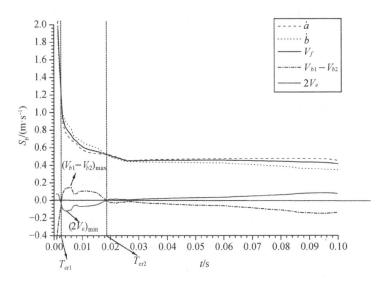

图 5.5　氨气/空气火焰传播过程中相关速度随时间变化曲线($\varphi=1.0$, $P_0=1.0$ atm, $E_0=1.0$ J)

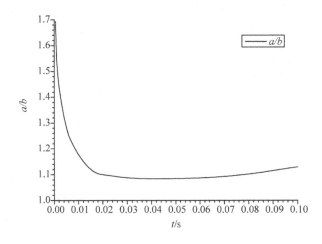

图 5.6　氨气/空气混合物中水平轴长度与垂直轴长度之比随时间的变化

5.2　氨气/空气混合物火焰传播速度与拉伸率的关系

本文采用自由传播区域的火焰传播数据来确定层流燃烧速度,图 5.7 显示了不同实验条件下氨气/空气混合物层流燃烧阶段拉伸火焰传播速度与拉伸率的关系,并对二者关系进行了非线性拟合。图 5.7(a)为常压下氨气/空气混合物在不同当量比时拉伸火焰传播速度与拉伸率的关系。从图中可以看出,对于当量比为 0.8 和 0.9 的氨气/空气火焰,火焰速度随拉伸率呈单调上升趋势,火焰向不稳定方向发展;对于当量比分别为 1.0、1.1 和 1.2 的氨气/空气火焰,其速度随拉伸率呈单调下降趋势,因此拉伸效应导致的火焰不稳定性将被抑制,火焰向稳定方向发展。

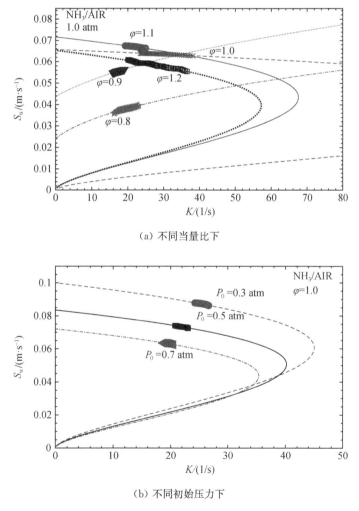

(a) 不同当量比下

(b) 不同初始压力下

图 5.7　氨气/空气混合物球形火焰传播速度与拉伸率的关系

图 5.7(b)为理论当量比下氨气/空气混合物在不同初始压力时拉伸火焰传播速度与

拉伸率的关系,从图中可以看出,对于理论当量比的氨气/空气混合物,在不同初始压力时,拉伸火焰传播速度与拉伸率的变化趋势一致,都随拉伸率增长而逐渐降低,这意味着火焰向稳定方向发展。

5.3 氨气/空气混合物的层流燃烧速度

将氨气/空气混合物球形火焰传播速度和拉伸率之间的非线性关系外推至拉伸率为零的位置,可以得到无拉伸火焰传播速度(火焰面相对于未燃气),即为层流燃烧速度。

5.3.1 层流燃烧速度随当量比的变化规律

图 5.8 为常压下氨气/空气混合物在不同当量比时的层流燃烧速度,并与其他研究者的结果[95, 149-153]进行了对比。从图中可以看出,虽然已经有部分学者对氨气/空气层流燃烧速度进行了研究,且层流燃烧速度随当量比的变化趋势保持一致,但数据点较为分散。Zakaznov 和 Ronney 等人最早对氨气/空气层流燃烧速度进行了测量,但可能由于实验条件限制,数据点较为分散。虽然后面的研究者们不断更新了实验技术和数据处理方法,但都没有彻底将浮力的影响去除,导致实验数据的误差不可避免。本文给出的数据处理方法可以很好地得到氨气/空气混合物不受浮力影响的层流燃烧速度,所测结果的变化趋势与他人研究一致,但在贫燃时的结果要低于大部分文献值,略高于 Hayakawa 等人实验得到的结果。氨气/空气混合物的最大层流燃烧速度出现在当量比 $\varphi=1.1$ 附近,随着当量比从 0.8 增大到 1.1,层流燃烧速度从 0.024 2 m/s 增大到 0.071 7 m/s;随着当量比从 1.1 增加到 1.2,层流燃烧速度从 0.071 7 m/s 降低到 0.065 3 m/s。

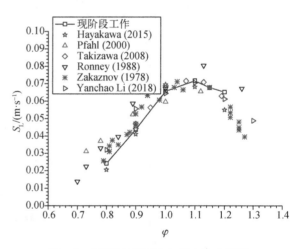

图 5.8 常压下氨气/空气混合物在不同当量比时的层流燃烧速度

本节采用不同的反应机理模型对氨气/空气混合物的层流燃烧过程进行了数值研究,模拟结果和实验结果如图 5.9 所示。其中,Tian 等人的化学反应机理[94]基于 $NH_3/CH_4/O_2/Ar$ 低压火焰,Song 等人的化学反应机理[154]基于高压条件下的氨氧化,UT-LCS 模型是 Otomo 等人[155]在 Song 等人的工作基础上,通过对 NH_2、HNO、N_2H_2 等相关基元的反应改进而成的,包括 32 种物质、204 种反应,该模型可以应用于氨气/空气和氨气/氢气/空气燃烧的模拟。从图 5.9 中可以看出,Song 和 Tian 等人的机理模型对氨气/空气混合物层流燃烧速度的预测并不理想,预测值总体上偏高。Otomo 等人的机理模型在富燃区域可以得到较为合理的层流燃烧速度(偏差在 6% 以内),但在贫燃区域仍然高估了氨气/空气混合物的层流燃烧速度。

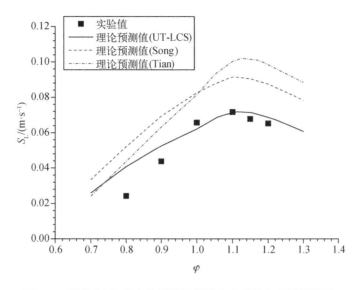

图 5.9 氨气/空气混合物层流燃烧速度实验值与理论预测值

5.3.2 层流燃烧速度随初始压力的变化规律

图 5.10 为理论当量比下氨气/空气混合物层流燃烧速度与初始压力的关系。从图中可以看出,理论当量比下氨气/空气混合物的层流燃烧速度随初始压力的增加而单调减小,随着初始压力从 0.2 atm 增加到 1.0 atm,层流燃烧速度从 0.1 m/s 降低至 0.065 3 m/s。

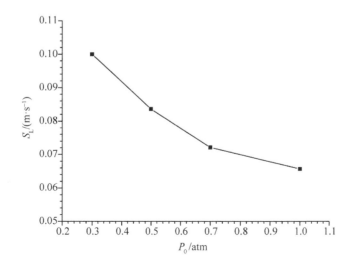

图 5.10 理论当量比下氨气/空气混合物层流燃烧速度与初始压力的关系

5.3.3 层流燃烧速度随当量比变化规律的拟合关系

根据实验结果,通过多项式拟合可以直接给出常压下氨气/空气混合物层流燃烧速度随当量比变化的拟合关系式,见式(5.7)。图 5.11 为层流燃烧速度实验值和拟合值的对比。从图中可以看出,拟合公式(5.7)可以很好地预测常压下,不同当量比(0.8~1.2)条件下氨气/空气混合物的层流燃烧速度。

$$S_L(\varphi) = -15.876\,36 + 88.400\,6\varphi - 195.107\,54\varphi^2 + 212.911\,92\varphi^3 -$$
$$114.556\,76\varphi^4 + 24.293\,08\varphi^5 \tag{5.7}$$

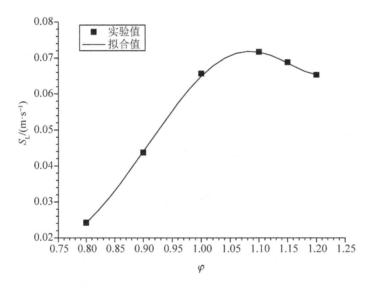

图 5.11　常压下氨气/空气混合物层流燃烧速度实验值和拟合值的对比

5.4　氨气/氧气混合物的火焰形成与发展过程

为了研究氨气/氧气混合物的层流燃烧特性,对不同当量比(0.2~2.0)和初始压力(0.3~1.6 atm)条件下的氨气/氧气混合物的火焰传播过程进行了实验研究。不同实验条件下的氨气/氧气混合物火焰传播纹影图像如图 5.12 所示,火花放电后,会形成一个明亮的高温火核,点燃燃烧室内均匀静置的氨气/氧气混合物,火焰以点火源为中心向外球形扩展。

图 5.12(a)显示了在初始压力为 0.5 atm 情况下,不同当量比时的氨气/氧气混合物火焰传播的纹影图像,从图中可以看出,氨气/氧气混合气体点火后,火焰呈球形向外缓慢扩展,表面保持光滑,在当量比为 0.75 和 1.0 时,火焰在 10 ms 时已经传播至可观察区域之外,而在当量比为 0.5 和 1.3 时,火焰在 10 ms 内传播的距离明显减少,说明火焰传播

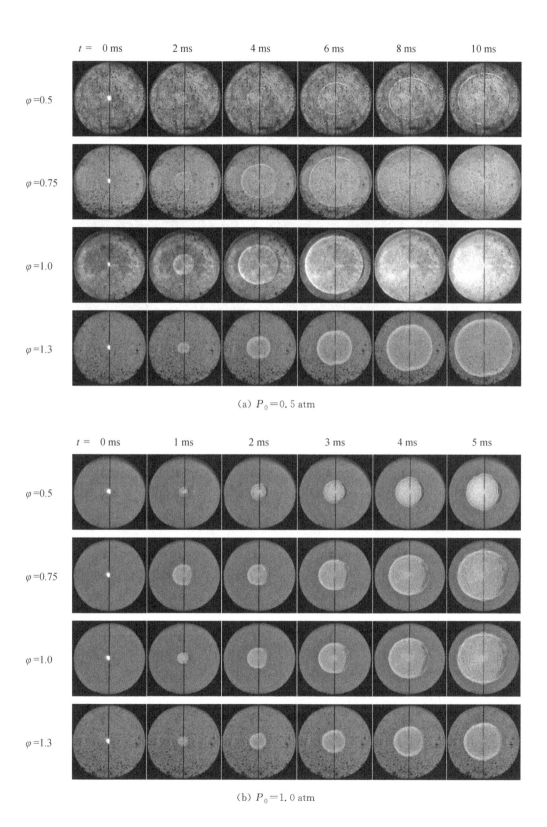

(a) $P_0 = 0.5$ atm

(b) $P_0 = 1.0$ atm

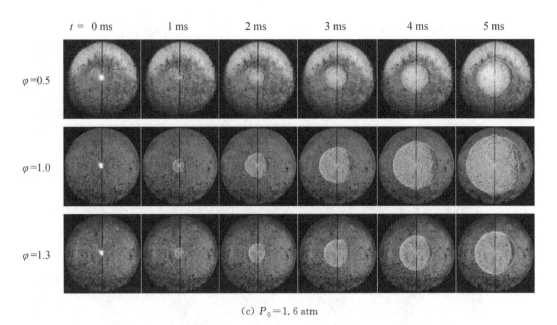

(c) $P_0 = 1.6$ atm

图 5.12 不同实验条件下氨气/氧气混合物火焰传播纹影图片

速度减慢。图 5.12(b)显示了在初始压力为 1.0 atm 的情况下，不同当量比时的氨气/氧气混合物火焰传播的纹影图像。从图中可以看出，随着当量比从 0.5 增加到 1.3，火焰在同一个时刻传播的半径先增大后减小，说明火焰传播速度先增后减。图 5.12(c)显示了在初始压力为 1.6 atm 的情况下，氨气/氧气混合物火焰传播的纹影图像，同样，随着当量比从 0.5 增加到 1.3，火焰传播速度先增大后减小。

通过火焰图像可以获得不同时刻的火焰前锋面位置，图 5.13 为氨气/氧气混合物火焰半径与时间的关系，随着时间的增长，火焰不断膨胀，火焰半径单调增大。图 5.13(a)所示为初始压力 $P_0 = 0.5$ atm 情况下，火焰半径与时间的关系。从图中可以看出，在当量比为 0.5、0.75、1.0 和 1.3 时，火焰传播 6 cm 所用时间分别为 9 ms、5.8 ms、4.8 ms 和 8.2 ms，说明火焰传播速度随当量比的增加先增大后减小。图 5.13(b)所示为初始压力 $P_0 = 1.0$ atm 情况下，火焰半径随时间的变化趋势。从图中可以看出，在贫燃情况下，随着当量比从 0.5 增大到 0.75，火焰传播 6 cm 所用时间从 6.7 ms 缩短至 4.8 ms，说明火焰传播速度增大；在理论当量比时，火焰传播 6 cm 所用时间大约为 4.4 ms；在富燃情况下，随着当量比的增大，火焰传播到同一个半径处所用时间增多，说明火焰传播速度减小。图 5.13(c)所示为初始压力 $P_0 = 1.6$ atm 情况下，火焰半径随时间的增长趋势。从图中可以看出，在理论当量比时，火焰半径随时间的增长，曲线斜率最大，说明火焰传播速度最大，此时，火焰传播 6 cm 经历了 4.4 ms；当当量比偏离理论当量比时，曲线斜率减小，说明火焰传播速度降低。

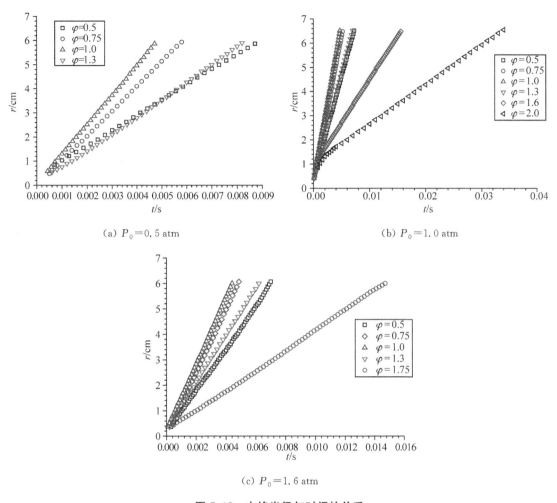

(a) $P_0 = 0.5$ atm

(b) $P_0 = 1.0$ atm

(c) $P_0 = 1.6$ atm

图 5.13 火焰半径与时间的关系

5.5 氨气/氧气混合物的火焰拉伸行为

利用氨气/氧气混合物的火焰传播轨迹,可以得到拉伸火焰传播速度和拉伸率。图 5.14 为不同实验条件下氨气/氧气混合物层流燃烧阶段拉伸火焰传播速度与拉伸率的关系。在初始压力为 0.5 atm 时,不同当量比条件下的氨气/氧气混合物拉伸火焰传播速度均随着拉伸率的增加而逐渐降低,如图 5.14(a)所示。

图 5.14(b)所示为初始压力为 0.7 atm 情况下,氨气/氧气混合物在不同当量比时拉伸火焰传播速度随拉伸率的变化情况。从图中可以看出,随着拉伸率的增大,在当量比为 1.3 和 1.75 时,拉伸火焰传播速度呈现下降的趋势;在当量比为 0.5 和 1.0 时,拉伸火焰传播速度呈现上升的趋势。

57

图 5.14(c)和图 5.14(d)显示了初始压力为 1.0 atm 情况下,氨气/氧气混合物拉伸火焰传播速度随拉伸率的变化情况。从图中可以看出,在当量比小于 1.3 时,拉伸火焰传播速度随着拉伸率的增加而逐渐增大;随着当量比增加到 1.6 时,拉伸火焰传播速度随着拉伸率的增加呈现下降的趋势;在当量比为 1.8 和 2.0 时,拉伸火焰传播速度随拉伸率的变化趋势与当量比为 1.6 时相同。

图 5.14(e)和图 5.14(f)分别表示的是在初始压力为 1.4 atm 和 1.6 atm 情况下,氨气/氧气混合物拉伸火焰传播速度与拉伸率的关系。从图中可以看出,对于当量比小于 1.3 的氨气/氧气混合物,拉伸火焰传播速度均随着拉伸率的增加而增大;对于当量比为 1.75 的混合气体,随着拉伸率的增大,拉伸火焰传播速度逐渐降低。

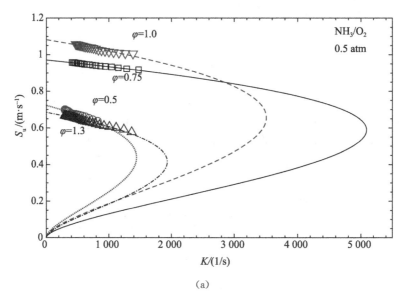

(a)

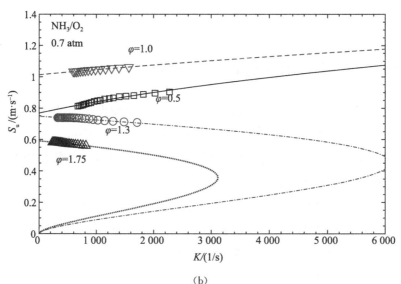

(b)

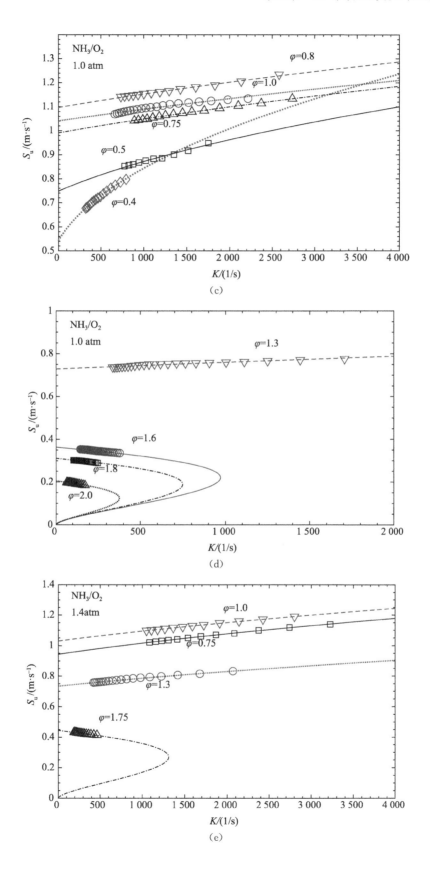

（c）

（d）

（e）

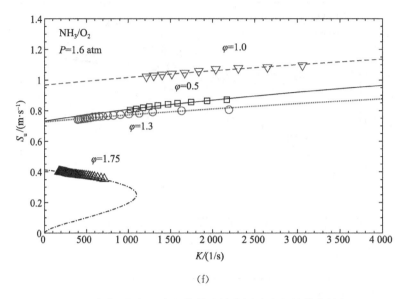

（f）

图 5.14　氨气/氧气混合物拉伸火焰传播速度与拉伸率的关系

5.6　氨气/氧气混合物的层流燃烧速度

根据拉伸火焰传播速度和拉伸率之间的非线性关系，利用非线性外推方法可以得到氨气/氧气混合物的层流燃烧速度。

5.6.1　层流燃烧速度与当量比的关系

图 5.15 所示为不同初始压力条件下氨气/氧气混合气体在不同当量比时的层流燃烧速度。从图中可以看出，当初始压力为 1.0 atm，当量比从 0.2 增加到 0.5 时，层流燃烧速

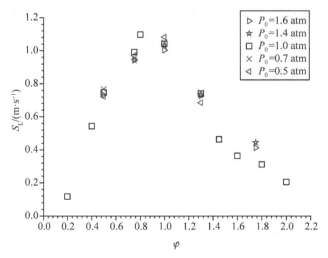

图 5.15　不同初始压力下氨气/氧气混合物层流燃烧速度与当量比的关系

度从 0.12 m/s 增加到 0.748 m/s,增长率相对较大;当当量比从 0.5 增加到 0.8 时,层流燃烧速度从 0.748 m/s 增加到其峰值 1.097 m/s;随着当量比进一步增加到 1.3,层流燃烧速度下降到 0.74 m/s;随着当量比从 1.3 增加到 2.0,层流燃烧速度从 0.74 m/s 降低到 0.205 m/s。对比不同初始压力下通过实验获得的层流燃烧速度,我们可以发现层流燃烧速度与当量比之间呈倒"U"形关系,最大层流燃烧速度出现在当量比为 0.75~1.0 的范围内。

在进行实验研究的同时,还采用 UT-LCS 机理模型和 Song 机理模型对氨气/氧气混合物层流燃烧速度进行了模拟研究,图 5.16 为氨气/氧气混合物层流燃烧速度的实验测量值和理论预测值。图中虚线是采用 Song 机理模型进行计算的结果,实线是采用 UT-LCS 机理模型进行计算的结果。从图中可以发现 Song 的机理模型对氨气/氧气混合物层流燃烧速度的预测值总体偏高,所以 UT-LCS 机理模型具有更好的预测能力,预测值和实验值整体趋势较为一致,但在高贫燃区域($\varphi < 0.8$)时,预测值偏高,偏差在 0.1 m/s 以内。

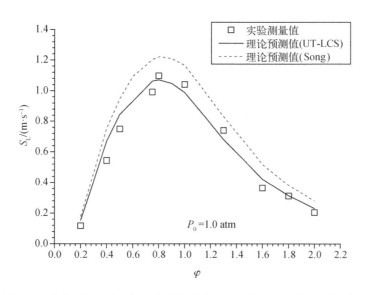

图 5.16　氨气/氧气混合物层流燃烧速度实验测量值和理论预测值对比

5.6.2　层流燃烧速度与初始压力的关系

图 5.17 显示了不同当量比时氨气/氧气混合物层流燃烧速度与初始压力的关系。从图中可以看出,氨气/氧气混合物层流燃烧速度随初始压力的增加先增后减,最优初始压力下取得层流燃烧速度最大值。对于理论当量比时的氨气/氧气混合物,随着初始压力从 0.3 atm 增加到 0.5 atm,层流燃烧速度从 1.017 m/s 增加到其峰值 1.082 m/s;随着初始压力进一步增加到 1.6 atm,层流燃烧速度从 1.082 m/s 降低到 1.003 m/s。对于当量比

为 0.5 和 1.3 的氨气/氧气混合物,层流燃烧速度在初始压力为 0.7 atm 时取得最大值,分别为 0.768 m/s 和 0.748 m/s。当初始压力低于 0.7 atm 时,层流燃烧速度随初始压力的增大而增加;当初始压力高于 0.7 atm 时,层流燃烧速度随初始压力的增大而减少。

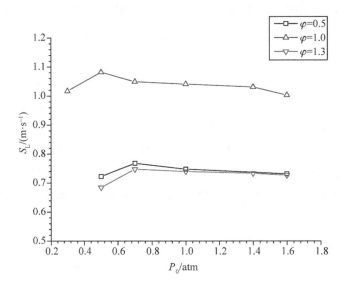

图 5.17　不同当量比下氨气/氧气混合物层流燃烧速度与初始压力的关系

5.6.3　层流燃烧速度随当量比和初始压力变化的拟合关系

为了拓宽实验数据的使用范围,给出层流燃烧速度的经验拟合公式是十分必要的。选择常温常压条件下实验测量的氨气/氧气混合物的层流燃烧速度作为参考速度,根据公式(5.8)可以得到压力指数与当量比的关系,可以拟合为:

$$\beta_P(\varphi) = 1.816\,22 - 6.853\,21\varphi + 7.674\,01\varphi^2 - 2.680\,58\varphi^3 \tag{5.8}$$

在常温常压条件下,氨气/氧气混合物的层流燃烧速度可以拟合为:

$$S_{L,0}(\varphi) = -1.106\,17 + 5.907\,77\varphi - 4.972\,02\varphi^2 + 1.174\,65\varphi^3 \tag{5.9}$$

因此,对于常温条件下的氨气/氧气混合物,层流燃烧速度与当量比和初始压力之间存在以下关系:

$$S_L(\varphi) = S_{L,0}(\varphi)(P_u)^{\beta_P(\varphi)} \tag{5.10}$$

图 5.18 显示了利用公式(5.10)拟合出来的层流燃烧速度结果和实验测量结果随当量比的变化情况。从图中可以看出,公式(5.10)可以很好地预测不同当量比(0.5~2.0)和不同初始压力(0.7~1.6 atm)条件下的氨气/氧气混合物的层流燃烧速度。

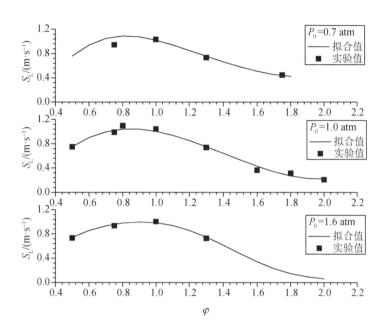

图 5.18 经验公式拟合值和实验测量值的对比

5.7 本章小结

本章针对氨气/空气和氨气/氧气混合物,开展了不同当量比和初始压力条件下的火焰传播实验,得到的主要结论如下:

(1)氨气/空气混合物火焰传播速度很低,火焰在传播过程中会逐渐向上飘移并发生变形。针对低燃速气体混合物火焰受浮力影响发生变形的问题,本章提出了浮力影响火焰的演化过程分析和层流燃烧速度确定方法,并用该方法分析了氨气/空气火焰的形成和发展过程,同时对层流燃烧速度进行了测定。在点火时刻,由于电极放电过程中会产生冲击波,火焰就会以较高的速度传播;点火之后,火焰的传播速度迅速下降,由于浮力的影响,火焰在传播过程中逐渐向上飘移,浮力引起的垂直方向上的变形总速度经历了先增大后减小的过程,而水平方向上的变形总速度经历了先减小后增大的过程。

(2)在常压下,氨气/空气混合物的最大层流燃烧速度出现在当量比为 1.1 时为 0.0717 m/s,随着当量比偏离 1.1,层流燃烧速度呈现下降趋势。理论当量比时的氨气/空气混合物的层流燃烧速度随着初始压力的增加而逐渐减小,随着初始压力从 0.3 atm 增加到 1.0 atm,层流燃烧速度也从 0.10 m/s 降低到 0.0653 m/s。现有的机理模型对贫燃情况下的氨气/空气混合物层流燃烧速度的预测并不理想,预测值总体偏高,对于富燃区域的氨气/空气混合物,UT-LCS 机理模型的预测能力较好。

(3)不同初始压力条件下的氨气/氧气混合物层流燃烧速度与当量比之间均呈现出倒置的"U"形关系,速度峰值出现在 0.75～1.0 的当量比范围内。对于理论当量比时的氨气/氧气混合物,层流燃烧速度在初始压力为 0.5 atm 时达到峰值 1.082 m/s;对于当量比为 0.5 和 1.3 的氨气/氧气混合物,层流燃烧速度峰值出现在初始压力为 0.7 atm 时,分别为 0.768 m/s 和 0.748 m/s。为了扩大实验数据的使用范围,本文给出了层流燃烧速度的经验拟合公式。对于氨气/氧气混合物,UT-LCS 机理模型可以更好地对层流燃烧速度进行预测,而采用 Song 机理模型所得预测结果总体偏高。

第六章 氢气/氨气复合燃料混合物的火焰传播

氢气和氨气单独被当作燃料使用时都会产生诸多问题。氨气存在燃烧强度低、可燃范围较窄、层流燃烧速度低和火焰温度低等问题，难以直接作为燃料使用。而氢气恰恰相反，氢气反应活性高、燃烧速度快，但是纯氢气存在价格昂贵、储存和运输困难等缺点。所以将氢气和氨气进行组合形成复合燃料体系，能够有效地解决这些问题。国外已经有学者针对氢气/氨气复合燃料及与空气混合物的层流燃烧特性开展研究，针对氢气/氨气混合气的研究发现，随着混合气中氢气比例的增大，层流火焰速度会出现非线性增大的趋势，但这种现象产生的机制需进一步研究，并且现有的氢气/氨气层流火焰速度数据库仍呈现大片空白，亟待填补。

本章对氢气/氨气复合燃料/空气混合物的层流燃烧速度进行了实验测定，主要考虑燃料配比、当量比和初始压力对层流燃烧速度的影响。此外，还对复合燃料/氧化剂混合物的层流燃烧速度进行了数值模拟研究，将模拟结果与实验结果进行了对比，对现有机理模型的预测能力进行了分析，选用预测能力较好的机理模型对氨燃料火焰开展了详细的化学反应动力学研究，并从温度效应和扩散效应的角度分析了层流火焰速度随氢气比例和当量比发生变化的原因。

6.1 氢气/氨气/空气混合物的层流燃烧

首先对氢气/氨气/空气混合物的层流燃烧特性进行了研究。利用建立的层流燃烧特性研究实验系统，开展了燃料配比在 $x = 0.5 \sim 2.0$、当量比在 $\varphi = 0.5 \sim 1.5$ 和初始压力在 $P_0 = 0.5 \sim 1.5$ atm 范围内变化的氢气/氨气/空气混合物火焰传播实验。

6.1.1 燃料配比对火焰传播过程及层流燃烧速度的影响

图 6.1 所示为初始压力 $P_0 = 1.0$ atm，当量比 $\varphi = 1.0$ 情况下，氢气/氨气/空气混合物在不同燃料配比时火焰传播的纹影图像，燃料配比 x 为氢气与氨气体积比，x 越大代表着燃料中氢气组分占比越大。从图中可以看出，燃料配比对火焰传播速度的影响较为显著，随着燃料配比的增大，相同时间内火焰传播的距离显著增大，说明火焰传播速度随着燃料配比的增大而增大。

由火焰图像可以得到混合气体的火焰传播轨迹，氢气/氨气/空气混合物火焰半径与

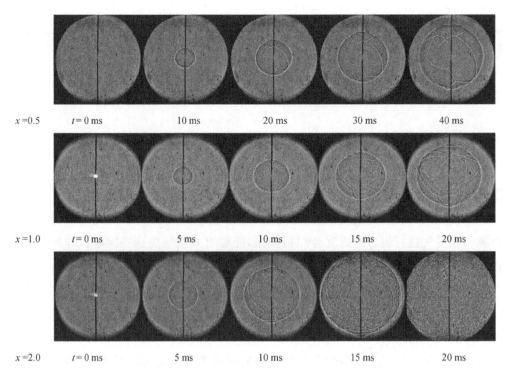

图 6.1　不同燃料配比下氨气/氢气/空气混合物火焰传播纹影图片($P_0=1.0$ atm, $\varphi=1.0$)

时间的关系如图 6.2 所示。从图中可以看出,在燃料配比为 0.5 时,火焰传播至 6 cm 处花费了大约 35 ms;当燃料配比为 1.0 时,火焰传播至 6 cm 处花费了大约 19.7 ms;随着燃料配比增大到 2.0 时,火焰传播至 6 cm 处经历的时间缩短为 11.2 ms。说明随着燃料配比的增大,火焰传播速度明显增大。

火焰拉伸率表现为在火焰传播过程中,火焰表面上一点无限小面积的对数值的变化对时间变化的响应。图 6.3 所示为在初始压力 $P_0=1.0$ atm,当量

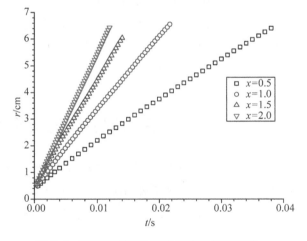

图 6.2　不同燃料配比下火焰半径与时间的关系($P_0=1.0$ atm, $\varphi=1.0$)

比 $\varphi=1.0$ 条件下,氢气/氨气/空气混合物拉伸率与火焰半径的关系。从图中可以看出,在火焰发展初期,拉伸率较大,随着火焰的传播,拉伸率逐渐减小。当燃料配比为 0.5 时,在火焰半径 1 cm 处,拉伸率大约为 400(1/s),随着火焰传播至半径 6 cm 处,拉伸率降低为大约 50(1/s)。随着燃料配比的增大,拉伸率随火焰半径的变化曲线整体上移,说明拉伸率也随之增大。当燃料配比为 2.0 时,随着火焰从半径 1 cm 处传播至 6 cm 处,拉伸率从 1 000(1/s)降低为大约 170(1/s)。

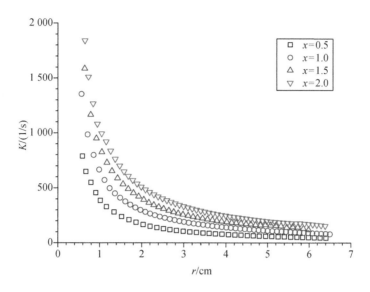

图 6.3　不同燃料配比下拉伸率与火焰半径的关系($P_0 = 1.0 \, \text{atm}$, $\varphi = 1.0$)

利用火焰传播轨迹提取出已燃气体的拉伸火焰传播速度,再根据火焰膨胀关系可以得到火焰面相对于未燃气体的拉伸火焰传播速度。图 6.4 显示了常压下不同燃料配比时氢气/氨气/空气混合物层流燃烧阶段拉伸火焰传播速度(火焰面相对于未燃气体)与拉伸率的关系,并对二者之间的非线性关系进行了拟合。从图中可以看出,在当量比为 0.5,0.8 和 1.0 时,不同燃料配比下的氢气/氨气/空气混合物拉伸火焰传播速度均随拉伸率的增大而逐渐上升;在当量比为 1.2 和 1.5 时,拉伸火焰传播速度随着拉伸率的增大呈现出下降的趋势。对于不同当量比下的氢气/氨气/空气混合物,随着燃料配比的增大,拉伸火焰传播速度与拉伸率的关系曲线整体上移,说明拉伸火焰传播速度也随之增大。

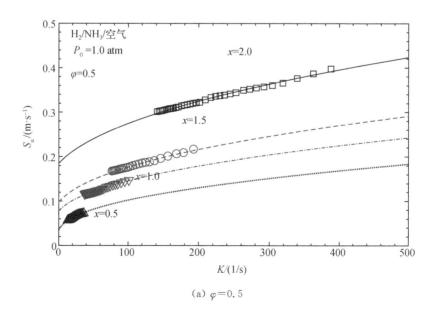

(a) $\varphi = 0.5$

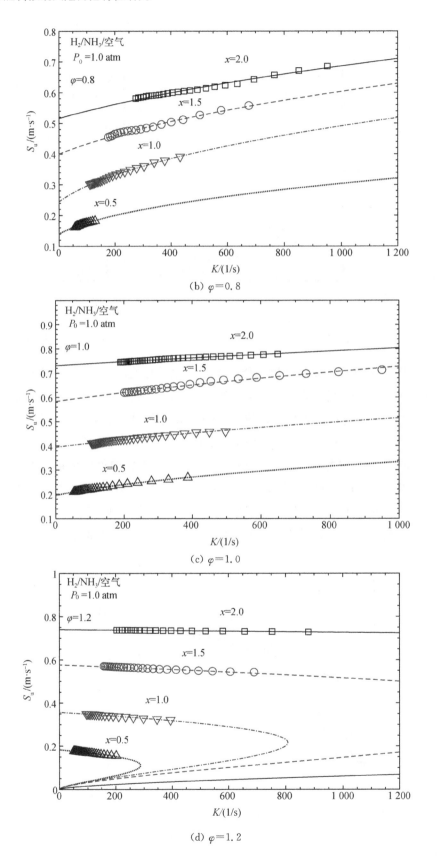

(b) $\varphi = 0.8$

(c) $\varphi = 1.0$

(d) $\varphi = 1.2$

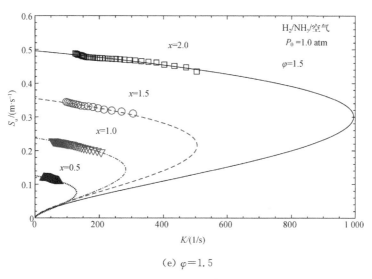

（e）$\varphi=1.5$

图 6.4　不同燃料配比下拉伸火焰传播速度与拉伸率的关系

图 6.5 显示不同初始条件下氢气/氨气/空气混合物的层流燃烧速度,并为层流燃烧速度与氢气比例之间的关系。对于常压下理论当量比时的氢气/氨气/空气混合物,随着

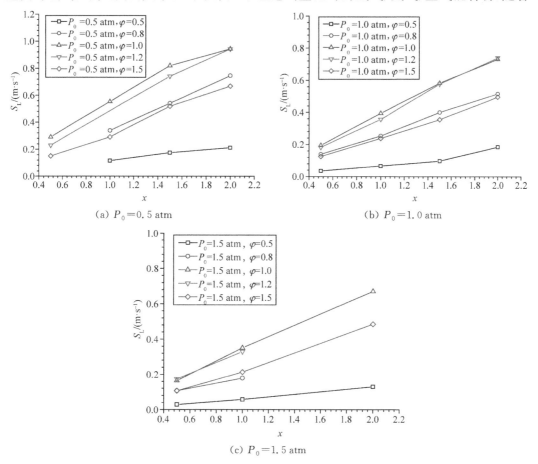

图 6.5　氢气/氨气/空气混合物层流燃烧速度与燃料配比的关系

燃料配比从 0.5 增大到 2.0,层流燃烧速度也从 0.195 m/s 升高到 0.731 m/s,增大幅度近 275%。不同初始压力和当量比条件下的复合燃料/空气混合物层流燃烧速度均随着燃料配比的增加而单调增大。氢气和氨气的反应活性相差很大,氢气在空气中的火焰传播速度远大于氨气,因此复合燃料中氢气组分比例的增加必然会导致混合气体火焰传播速度的增加。同时氢气的加入明显地拓宽了混合气体的可燃极限,使预混可燃气体可以在较宽的当量比范围内稳定燃烧。常用碳氢燃料的层流火焰速度在 0.4 m/s 到 0.7 m/s 之间,通过合理地调配氢气与氨气两种燃料的组成,完全可以达到与常用碳氢燃料相同甚至更优的燃烧性能,并且相比之下,氢气/氨气混合燃料不存在碳排放问题,更具清洁性。

为了更直观地反映复合燃料体系中氢气比例对层流燃烧速度的影响,图 6.6 为常压下氢气/氨气/空气混合物层流燃烧速度与氢气比例的关系,其中氢气比例 X_{H_2} 可以表示为:

$$X_{H_2} = \frac{x}{1+x} \tag{6.1}$$

从图 6.6 中可以看出,层流燃烧速度随氢气比例的增大呈指数增大,尤其是富燃料情况下,当量比为 1.5 时,增大程度最为明显。

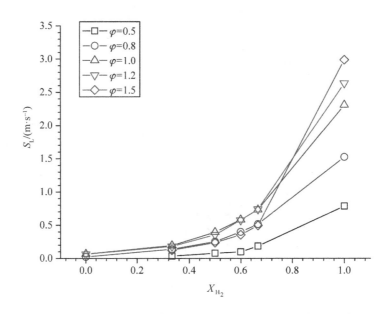

图 6.6　常压下氢气/氨气/空气混合物层流燃烧速度与氢气比例的关系

详细的化学反应机理是燃烧过程再现的基础,对提高燃料燃烧效率、减少污染物排放,以及设计和优化燃烧室结构都具有重要的指导意义。首先采用 5 种详细的化学反应机理对常压理论当量比条件下氢气/氨气/空气混合物的层流燃烧速度开展模拟研究。图 6.7 为常压下理论当量比时氢气/氨气/空气混合物层流燃烧速度的实验值、文献值以及理论预测值。从图中可以看出,与氢气/氨气/空气混合物层流燃烧速度相关的文献数据[96,156]较少,且由于实验条件限制,特别是采用误差较大的线性外推方法进行数据后处理,层流燃烧速度的文献值总体偏高。本研究的实验测量值在较大的燃料配比($x \geqslant 1.0$)时与 Li 的结果吻合较好,但在低燃料配比($x < 1.0$)时,所测结果略低于文献值。GRI-Mech 3.0 适用于天然气燃烧,由于 N 反应(包括 NO 和 NH_2 反应)的不足,可能不适合氢气/氨气/空气火焰的计算,其所得结果总体偏小。采用 Tian 的机理模型得到的结果要高于 GRI-Mech 3.0 所得结果,但总体上仍低于实验测量值。Miller 机理模型[157,158]预测的结果同样不太理想,在低燃料配比($x < 1.0$)时预测值偏高,而在较高的燃料配比($x \geqslant 1.0$)时预测值偏低。Song 和 UT-LCS 机理模型都能很好地预测氢气/氨气/空气的混合物层流燃烧速度,UT-LCS 机理模型是在 Song 的工作基础上,通过对 NH_2、HNO、N_2H_2 等相关基元反应的改进而建立的,其所得结果与实验测量值的最大偏差在 0.03 m/s 以内,Song 机理模型所得结果最大偏差为 0.04 m/s。相比而言,UT-LCS 机理模型所得结果与实验结果的一致性更好。

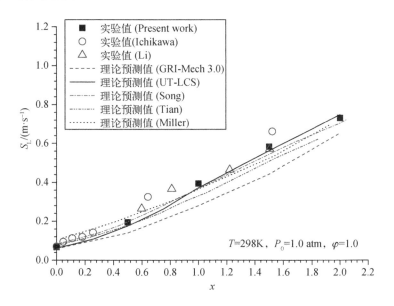

图 6.7　氢气/氨气/空气混合物层流燃烧速度的实验值与理论预测值

接下来采用预测能力较好的 Song 机理模型和 UT-LCS 机理模型对贫燃和富燃情况下,不同燃料配比时的氢气/氨气/空气混合物层流燃烧速度进行了数值模拟计算,实验结果与模拟结果如图 6.8 所示。从图中可以看出,在当量比为 0.8 时,两种机理的计算结果相差不大,均能较好地对层流燃烧速度进行预测。在当量比为 1.2 时,UT-LCS 机理模型对高燃料配比($x \geqslant 1.5$)情况的预测结果偏高,Song 机理模型所得结果更接近于实验结果,但在较低的燃料配比($x \leqslant 1.0$)时,UT-LCS 机理模型所得结果与实验结果吻合得更好。

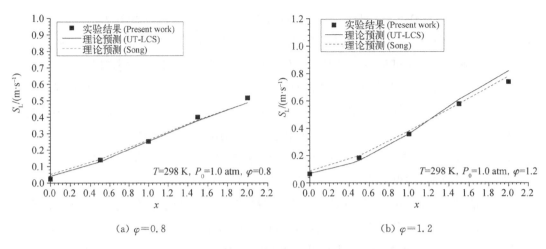

(a) $\varphi=0.8$　　　　　　　　　　(b) $\varphi=1.2$

图 6.8　层流燃烧速度实验结果与预测结果的对比

6.1.2　当量比对火焰传播过程及层流燃烧速度的影响

图 6.9 显示了在燃料配比 $x=1.0$，初始压力 $P_0=1.0$ atm 情况下，氢气/氨气/空气混合物在不同当量比时火焰传播的纹影图像。从图中可以看出，复合燃料/空气混合物在当量比为 0.5 时火焰传播最慢；当当量比增大到 1.0 时，火焰在相同时间内传播的距离明显增大，说明火焰传播速度增大；而随着当量比进一步增加到 1.5 时，火焰在相同时间内传播的距离明显减小，说明火焰传播速度下降。因此，氢气/氨气/空气混合物的火焰传播速度并非随当量比的增加单调变化，而是先增后减。

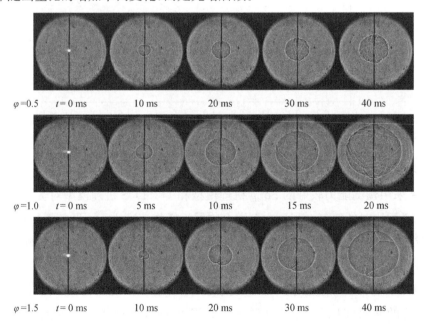

图 6.9　不同当量比下火焰传播的纹影图片（$x=1.0$，$P_0=1.0$ atm）

图 6.10 为不同当量比下氢气/氨气/空气混合物火焰半径与时间的关系。从图中可以看出,在燃料配比 $x=1.0$,初始压力 $P_0=1.0$ atm 情况下,混合气体在当量比为 0.5 时,火焰半径随时间的增长速度最慢,此时火焰传播速度最小。随着当量比从 0.5 增大到 1.0,火焰传播 6 cm 所用的时间从 79 ms 缩短至 19.7 ms,说明火焰传播速度增大;随着当量比的进一步增加,火焰传播至相同半径处时所用的时间也随之增加,说明火焰传播速度减小。

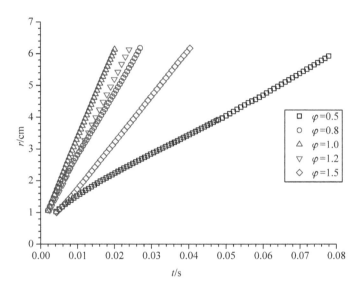

图 6.10 不同当量比下火焰半径与时间的关系($x=1.0$, $P_0=1.0$ atm)

图 6.11 为在燃料配比 $x=1.0$,初始压力 $P_0=1.0$ atm 情况下,不同当量比时的氢气/氨气/空气混合物拉伸率与火焰半径的关系。由图可知,在当量比为 0.5 时,随着火焰

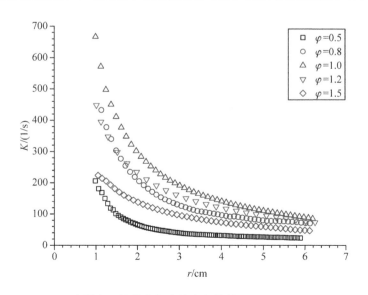

图 6.11 不同当量比下拉伸率与火焰半径的关系($x=1.0$, $P_0=1.0$ atm)

半径从 1 cm 增大到 3 cm,拉伸率从 200(1/s)骤降至接近 40(1/s),而随着火焰半径进一步增大到 6 cm,拉伸率逐渐减小为大约 23(1/s),下降的程度减缓;在当量比为 1.5 时,火焰从 1 cm 传播到 6 cm 的过程中,拉伸率从 225(1/s)下降到接近 48(1/s),整体下降趋势较为平缓;在当量比为 1.0 时,火焰在相同半径处的拉伸率最大,在火焰半径 1 cm 处,拉伸率大约为 670(1/s),随着火焰传播至半径 6 cm 处,拉伸率下降到接近 90(1/s)。因此,随着当量比的增大,火焰在相同半径处的拉伸率呈现出先增大后减小的变化趋势,在理论当量比时最大。

图 6.12 为常压下不同当量比时氢气/氨气/空气混合物层流燃烧阶段拉伸火焰传播速度与拉伸率的关系。从图中可以看出,随着拉伸率的增大,不同当量比下混合气体拉伸

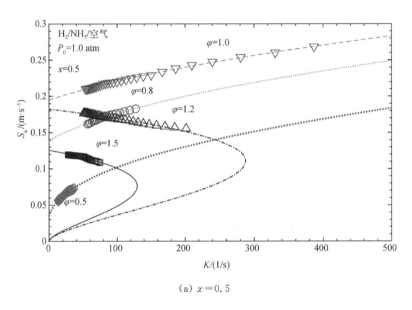

(a) $x = 0.5$

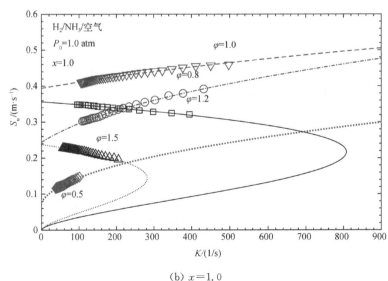

(b) $x = 1.0$

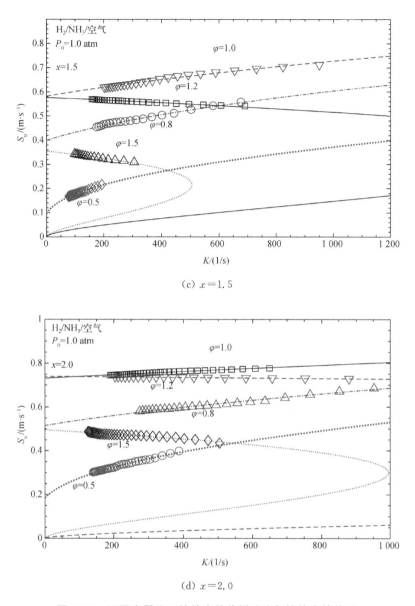

(c) $x=1.5$

(d) $x=2.0$

图 6.12 不同当量比下拉伸火焰传播速度与拉伸率的关系

火焰的传播速度呈现出不同的变化趋势。对于燃料配比在 $x=0.5\sim2.0$ 范围内变化的氢气/氨气/空气混合物,当当量比为 0.5、0.8 和 1.0 时,随着拉伸率的增加,拉伸火焰传播速度均呈现出上升的趋势,且当量比越小,上升趋势越明显;随着当量比增加到 1.2,拉伸火焰传播速度随拉伸率的变化趋势发生改变,随着拉伸率的增加,拉伸火焰的传播速度逐渐下降;随着当量比进一步增加到 1.5,拉伸火焰传播速度随拉伸率的增加仍然呈现出下降的趋势,且下降趋势相对于当量比 1.2 时更明显。

图 6.13 为不同初始压力和燃料配比条件下氢气/氨气/空气混合物的层流燃烧速度与当量比的关系。从图中可以看出,随着当量比的增大,不同初始压力和燃料配比条件下

的氢气/氨气/空气混合物的层流燃烧速度均呈现出先增大后减小的趋势,最大层流燃烧速度出现在稍微富燃的一侧,除了前述纯氢气更偏向于富燃区外,一般集中在 1.0～1.2 的当量比范围内。当常压下燃料配比为 0.5 时,随着当量比从 0.5 增加到 1.0,层流燃烧速度从 0.035 m/s 增加到峰值 0.195 m/s;随着当量比进一步增加到 1.5,层流燃烧速度减小为 0.126 m/s;当常压下燃料配比为 2.0 时,层流燃烧速度峰值出现在当量比 1.2 时,为 0.74 m/s。燃料配比的增大使得层流燃烧速度的最优当量比向着更加富燃的区域移动,这跟纯氢气层流燃烧速度处于最佳当量比有关。

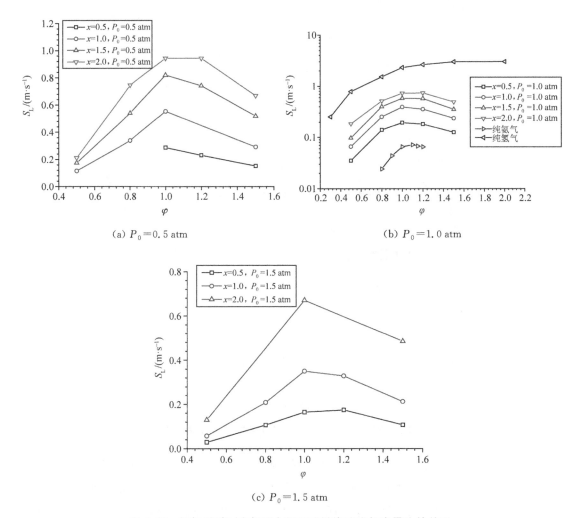

图 6.13　氢气/氨气/空气混合物层流燃烧速度与当量比的关系

6.1.3　初始压力对火焰传播过程及层流燃烧速度的影响

为了研究初始压力对复合燃料/空气混合物层流燃烧特性的影响,对初始压力在 0.5～1.5 atm 范围内变化的火焰传播过程进行了实验研究。图 6.14 显示了在燃料配比

$x=1.0$,当量比 $\varphi=1.0$ 情况下,复合燃料/空气混合物在不同初始压力(0.5 atm、1.0 atm 和 1.5 atm)时火焰传播的纹影图像。从图中可以看出,当初始压力为 0.5 atm 时,火焰传播最快,随着初始压力的增加,火焰传播至 20 ms 处的火焰半径明显减小,这说明拉伸火焰传播速度降低。

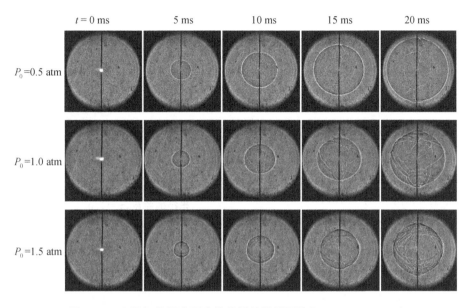

图 6.14　不同初始压力下火焰传播的纹影图片($x=1.0$, $\varphi=1.0$)

图 6.15 为在燃料配比 $x=1.0$,当量比 $\varphi=1.0$ 情况下,氢气/氨气/空气混合物在不同初始压力时火焰半径与时间的关系。从图中可以看出,随着初始压力从 0.5 atm 增大到 1.5 atm,火焰传播到半径 6 cm 处所用的时间从 15.8 ms 延长至 20.9 ms,说明拉伸火焰传播速度随着初始压力的增大呈现出下降的趋势。

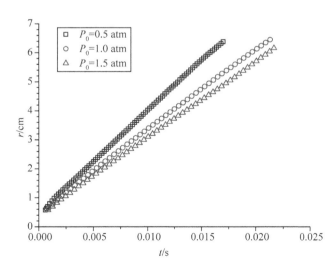

图 6.15　不同初始压力下火焰半径与时间的关系($x=1.0$, $\varphi=1.0$)

图 6.16 为在燃料配比 $x=1.0$,当量比 $\varphi=1.0$ 情况下,氢气/氨气/空气混合物在不同初始压力时拉伸率与火焰半径的关系。从图中可以看出,随着火焰的传播,火焰拉伸率逐渐减小。当初始压力为 0.5 atm 时,随着火焰从半径 1 cm 传播到半径 6 cm 处,拉伸率从 760(1/s)下降到接近 108(1/s)。随着初始压力的增大,火焰在相同半径处的拉伸率略微减小,当初始压力为 0.5 atm、1.0 atm 和 1.5 atm 时,火焰在半径 3 cm 处的拉伸率分

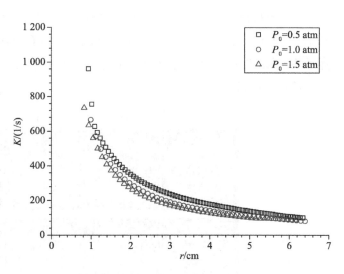

图 6.16　不同初始压力下拉伸率与火焰
半径的关系($x=1.0,\ \varphi=1.0$)

别为 235(1/s)、191(1/s)和 173(1/s)。

图 6.17 为理论当量比时氢气/氨气/空气混合物层流燃烧阶段拉伸火焰传播速度与拉伸率的关系。从图中可以看出,对于燃料配比 0.5~2.0 范围变化的氢气/氨气/空气混合物,当初始压力为 0.5 atm 时,随着拉伸率的增加,拉伸火焰传播速度逐渐减小;当初始压力增加到 1.0 atm 时,拉伸火焰传播速度随拉伸率的变化趋势也有所改变。随着拉伸率的增加,拉伸火焰传播速度呈现出上升的趋势;随着初始压力进一步增加到 1.5 atm,拉伸火焰传播速度随拉伸率的增加仍然呈现出上升的趋势,且上升趋势相对于初始压力 1.0 atm 时更加明显。

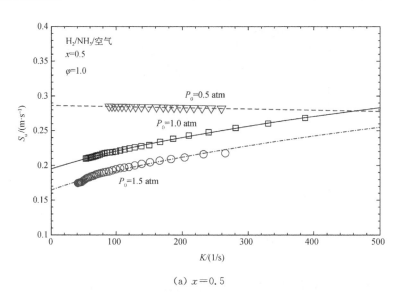

(a) $x=0.5$

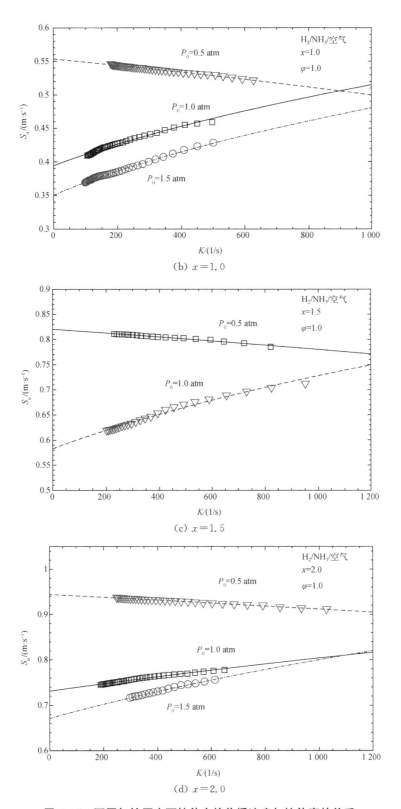

图 6.17　不同初始压力下拉伸火焰传播速度与拉伸率的关系

图 6.18 为不同当量比和燃料配比条件下氢气/氨气/空气混合物层流燃烧速度与初始压力的关系。从图中可以看出，混合气体层流燃烧速度随着初始压力的增加而逐渐减小，与氨气/空气混合物层流燃烧速度的变化趋势一致。当燃料配比为 0.5 时，随着初始压力从 0.5 atm 增大到 1.5 atm，理论当量比下的氢气/氨气/空气混合物层流燃烧速度从 0.291 m/s 减小为 0.165 m/s；当燃料配比为 2.0 时，随着初始压力从 0.5 atm 增大到 1.5 atm，理论当量比下的混合气体层流燃烧速度从 0.944 m/s 减小为 0.671 m/s。

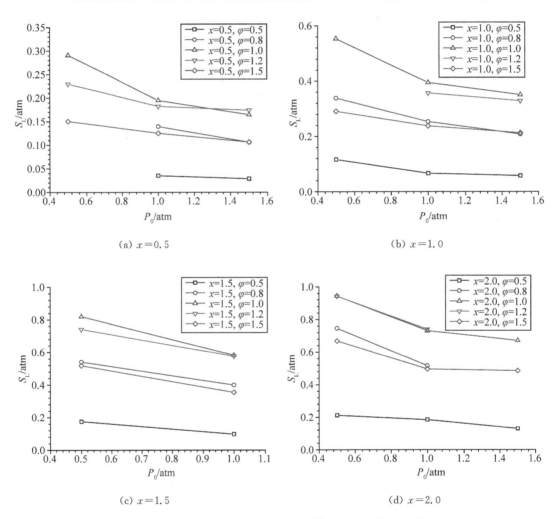

图 6.18　氢气/氨气/空气混合物层流燃烧速度与初始压力的关系

6.1.4　层流燃烧速度随氢气比例和当量比变化的拟合关系

实验所选的测试点总是有限的，为了拓展实验数据的使用范围，同时更方便地计算任意氢气比例下复合燃料/空气混合物的层流燃烧速度，给出实验结果的经验拟合公式是很有必要的。根据张尊华[159]的研究，首先定义层流燃烧速度的增加率 R_v，它可以表示为：

$$R_V = \frac{S_{\mathrm{L},X_{\mathrm{H}_2}} - S_{\mathrm{L},0\%}}{S_{\mathrm{L},100\%} - S_{\mathrm{L},0\%}} \times 100\% \tag{6.2}$$

式中：$S_{\mathrm{L},X_{\mathrm{H}_2}}$ 为任意氢气比例下的混合气体层流燃烧速度；$S_{\mathrm{L},0\%}$ 和 $S_{\mathrm{L},100\%}$ 分别为氢气比例 X_{H_2} 为 0%（纯氨气）和 100%（纯氢气）时混合物的层流燃烧速度。$S_{\mathrm{L},0\%}$ 和 $S_{\mathrm{L},100\%}$ 可以根据实验数据，通过多项式拟合直接得出：

$$S_{\mathrm{L},0\%}(\varphi) = -15.87636 + 88.4006\varphi - 195.10754\varphi^2 + 212.91192\varphi^3 - \\ 114.55676\varphi^4 + 24.29308\varphi^5 \tag{6.3}$$

$$S_{\mathrm{L},100\%}(\varphi) = 0.38156 - 2.9661\varphi + 10.98109\varphi^2 - 8.60991\varphi^3 + \\ 2.74347\varphi^4 - 0.32382\varphi^5 \tag{6.4}$$

常压下，氨气/空气混合物在不同当量比时（$0.8\sim1.2$）的层流燃烧速度可以通过公式（6.3）直接得到，氢气/空气混合物在不同当量比时（$0.3\sim2.5$）的层流燃烧速度可以通过公式（6.4）得到。

图 6.19 为层流燃烧速度的增加率 R_V 与氢气比例的关系。从图中可以看出，R_V 随氢气比例的增大呈指数形式增加，但随当量比的变化并不明显。通过一阶指数拟合可以得出 R_V 的经验公式：

$$R_V = -0.03288 + 0.03288 \times \exp\left(\frac{X_{\mathrm{H}_2}}{0.28957}\right) \tag{6.5}$$

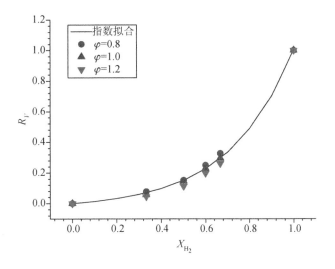

图 6.19　层流燃烧速度的增加率与氢气比例的关系（$P_0 = 1.0\,\mathrm{atm}$）

结合公式（6.2）～（6.5）就可以得到常温常压下，当量比在 $0.8\sim1.2$ 范围内任意氢气比例时的氢气/氨气/空气混合物的层流燃烧速度。图 6.20 为层流燃烧速度的经验公式拟合结果和实验测试结果。从图中可以看出,经验公式可以很好地预测给定工况范围内任意氢气比例下氢气/氨气/空气混合物的层流燃烧速度。

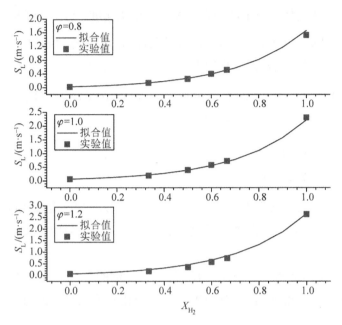

图 6.20　层流燃烧速度的经验公式拟合结果和实验测试结果($P_0=1.0$ atm)

6.2　绝热火焰温度与热扩散系数

对比不同氢气比例下混合物的层流燃烧速度可知,纯燃料中氢气的层流燃烧速度最大,氨气的层流速度最小,而氢气/氨气复合燃料的层流燃烧速度则介于氢气和氨气之间,其中氢气所占比例越高,复合燃料的层流燃烧速度越接近氢气。以上结果说明燃料组成对层流燃烧速度有显著影响。目前关于可燃物组成对层流燃烧速度的影响也没有统一的理论,现有的理论解释大体上包括以下几种:一是火焰温度的影响;二是热扩散率的影响;三是质量扩散率的影响。在定容燃烧弹中,火焰在定压范围内的燃烧,可以近似于等压绝热反应,燃烧终态温度可以被近似认为是绝热火焰温度。图 6.21 显示了常压下不同氢气比例时的绝热火焰温度。理论当量比时,纯氢气和纯氨气的绝热火焰温度分别约为2 270 K、2 040 K。氢气比例从 0 增大到 1,火焰温度增加了约 200 K,其增大程度似乎并没有层流火焰速度那么明显,甚至氢气比例从 0.33 增大到 0.6,火焰温度仅增大了约20 K,而火焰速度增大了近三倍。

根据热理论可知,层流火焰速度与气体热导率的平方成正比,与气体的定压比热容和气体密度的平方成反比。气体的热导率和定压比热容及气体密度的比值为热扩散系数$\left(\alpha=\dfrac{\lambda}{\rho C_p}\right)$。因此层流燃烧速度与气体的热扩散系数呈现正比例关系。图 6.22 显示了

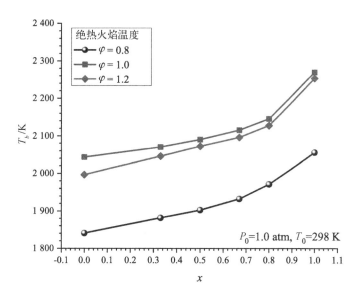

图 6.21　不同氢气比例下的绝热火焰温度

常压下不同氢气比例下的热扩散系数。随着氧气比例的增大,热扩散系数迅速增大。热扩散系数的变化趋势和层流燃烧速度的变化趋势呈现正相关,因此,热扩散系数的增大对层流燃烧速度的升高有积极促进作用。热扩散系数虽然和层流燃烧速度的增大呈现正相关,但热扩散系数随着氢气比例呈现线性增大的趋势,不同于层流燃烧速度随着氢气比例的增大会先缓慢增加,后又迅速增大。因此,这表明还有其他因素影响着层流火焰速度的变化。

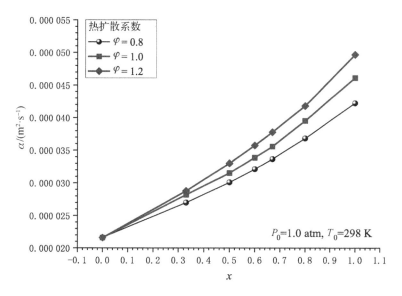

图 6.22　不同氢气比例下的热扩散系数

质量扩散系数的增加有助于提高物质运输效率,也会导致火焰传播加速。图 6.23 显示了常压下不同氢气比例时氢气的质量扩散系数。随着氧气比例的增大,质量扩散系数也迅速增大。质量扩散系数的变化趋势和层流燃烧速度的变化趋势呈现正相关,因此,质量扩散系数的增大对层流燃烧速度的升高有积极促进作用。燃料组成对层流燃烧速度的影响应该是热扩散率和质量扩散率两种因素共同作用的结果,而火焰温度主要影响同种物质组成下当量比(浓度)因素对层流燃烧速度的影响。以氢气为例,单一氢气燃料的热扩散率比氨气燃料大很多,氢气燃料的质量扩散系数也比氨气燃料大很多,因此,氢气层流燃烧速度最大。而对于不同当量比的氢气燃烧过程而言,理论当量比(通常是偏向富燃一侧)附近的层流燃烧速度高于爆炸极限附近的层流燃烧速度,其原因是由于未参与反应的物质吸热造成火焰温度降低从而引起火焰传播速度降低。

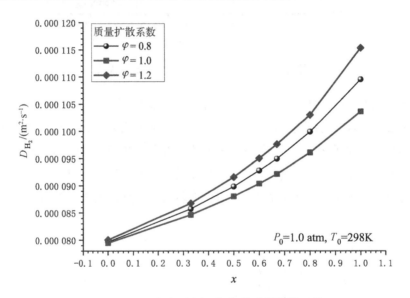

图 6.23 不同氢气比例下氢气的质量扩散系数

6.3 预混层流火焰反应动力学

为了深入剖析氢/氨复合燃料火焰的基本燃烧特性发现影响燃料/空气混合物燃烧速度的关键反应,本节对氨/空气火焰和氢气/氨气/空气火焰进行了化学反应动力学模拟计算,根据前文的研究,UT-LCS 机理模型对氨燃料层流燃烧速度的预测能力最好,预测结果和实验结果较吻合,因此本节采用 UT-LCS 机理模型开展详细的化学反应动力学研究。

6.3.1 氨气/空气火焰

首先对氨气/空气混合物层流火焰开展了化学反应动力学研究。通过 Chemkin-pro

软件得到预混可燃气体在层流燃烧过程中各组分的浓度变化及各个化学反应的反应速度,进一步分析,筛选出主要的组分和化学反应,从而可以分析火焰的主要反应路径。图6.24 所示为常压理论当量比条件下氨气/空气火焰的主要反应路径。与 OH 自由基的去氢反应 R31 是氨气的主要消耗路径[160-163]:

$$NH_3 + OH \longrightarrow NH_2 + H_2O \tag{R31}$$

此外,与 H 和 O 的反应也消耗了一部分燃料:

$$NH_3 + H \longrightarrow NH_2 + H_2 \tag{R29}$$

$$NH_3 + O \longrightarrow NH_2 + OH \tag{R30}$$

R1 是 O_2 的消耗路径,通过与 H 反应产生 OH,促进反应 R31 的进行,消耗燃料氨气:

$$H + O_2 \longrightarrow OH + O \tag{R1}$$

氨气去氢反应所生成的氨基 NH_2,继续与 H 和 OH 自由基反应生成 NH:

$$NH_2 + H \longrightarrow NH + H_2 \tag{R33}$$

$$NH_2 + OH \longrightarrow NH + H_2O \tag{R37}$$

同时,与 HO_2、NO_2 和 NO 的反应也是 NH_2 的主要消耗路径:

$$NH_2 + HO_2 \longrightarrow H_2NO + OH \tag{R39}$$

$$NH_2 + NO \longrightarrow N_2 + H_2O \tag{R49}$$

$$NH_2 + NO \longrightarrow NNH + OH \tag{R51}$$

$$NH_2 + NO_2 \longrightarrow N_2O + H_2O \tag{R53}$$

$$NH_2 + NO_2 \longrightarrow H_2NO + NO \tag{R54}$$

R33 和 R37 生成的 NH 主要通过与 NO 和 O_2 反应消耗:

$$NH + O_2 \longrightarrow NO + OH \tag{R60}$$

$$NH + NO \longrightarrow N_2O + H \tag{R63}$$

R51 生成的 NNH 经过反应 R71 和 R77 生成产物 N_2:

$$NNH \longrightarrow N_2 + H \tag{R71}$$

$$NNH + O_2 \longrightarrow N_2 + HO_2 \tag{R77}$$

R39 和 R54 生成的 H_2NO 与 OH 和 H 反应,从 H_2NO 提取出一个氢原子形成 HNO:

$$H_2NO+OH \Longrightarrow HNO+H_2O \tag{R100}$$

$$H_2NO+H \Longrightarrow HNO+H_2 \tag{R97}$$

此外,NH_2 与 O 的反应也会生成一部分 HNO:

$$NH_2+O \Longrightarrow HNO+H \tag{R34}$$

随后,HNO 与 O_2、H 和 OH 反应生成 NO:

$$HNO+O_2 \Longrightarrow NO+HO_2 \tag{R121}$$

$$HNO+H \Longrightarrow NO+H_2 \tag{R118}$$

$$HNO+OH \Longrightarrow NO+H_2O \tag{R120}$$

O_2 和 OH 与 N 的反应也会生成部分 NO:

$$N+OH \Longrightarrow NO+H \tag{R68}$$

$$N+O_2 \Longrightarrow NO+O \tag{R69}$$

N 主要由 NH 与 H 的去氢反应生成:

$$NH+H \Longrightarrow N+H_2 \tag{R55}$$

最后,NO 与 NH_2 通过反应 R49 生成产物 N_2 和 H_2O。另外,反应 R158 和 R160 也会生成部分产物 N_2:

$$N_2O(+M) \Longrightarrow N_2+O(+M) \tag{R158}$$

$$N_2O+H \Longrightarrow N_2+OH \tag{R160}$$

产物 H_2O 的主要生成路径还包括:

$$OH+H_2 \Longrightarrow H_2O+H \tag{R4}$$

$$OH+OH \Longrightarrow H_2O+O \tag{R5}$$

为了阐明对层流燃烧速度起主导作用的基元反应,我们对氨气/空气混合物的层流燃烧速度开展了敏感性分析,结果如图 6.25 所示,其中当敏感性系数为正值时代表促进燃烧,反之则抑制燃烧。R1 具有最高的正敏感性系数,在反应过程中消耗 O_2 生成大量的 OH 自由基,会促进燃料氨气消耗路径 R31 的进行。随着当量比的增大,R1 的敏感性系数发生非单调变化,并在当量比为 1.1 时达到峰值,此时层流燃烧速度也达到最大值。对燃烧起促进作用的其他重要基本反应包括 R51、R117 和 R158;对燃烧有抑制作用的基本反应主要包括 R33、R34、R49、R118、R120 和 R160。理论当量比时不同初始压力下基本反应的敏感性系数如图 6.26 所示。初始压力对敏感性系数的影响并不明显。随着初始压力的增加,R51、R117 和 R158 等促进燃烧的重要基本反应减少,从而导致层流燃烧速度的降低。

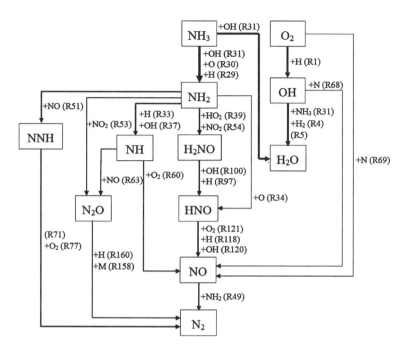

图 6.24　氨气火焰主要反应路径($\varphi = 1.0$, $P_0 = 1.0$ atm)

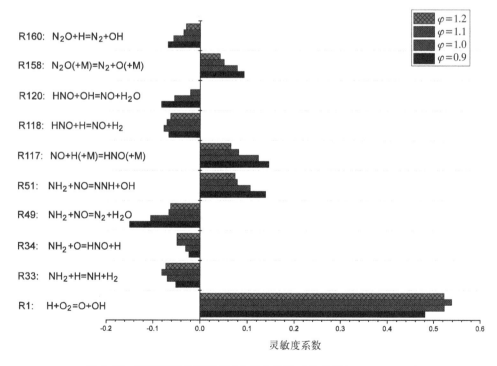

图 6.25　不同当量比下氨气/空气火焰敏感性分析($P_0 = 1.0$ atm)

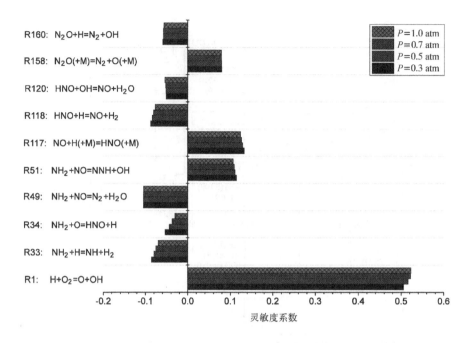

图 6.26 不同初始压力下氨气/空气火焰敏感性分析($\varphi=1.0$)

图 6.27 所示为常温常压理论当量比下氨气/空气混合物反应物、生成物和主要自由基摩尔分数的变化。从图中可以看出,伴随着反应的进行,NH_3 和 O_2 被大量消耗,H_2O 和 H_2 在火焰前沿产生,并且其浓度在反应区后保持恒定,同时也产生了大量的 NO、OH、H。对于燃料贫乏条件下的火焰($\varphi=0.9$),下游的 NO 摩尔分数非常高,约为 3 900 ppm。随着当量比增大到 1.1,下游的 NO 分子分数降至 460 ppm。随着当量比进一步增加到 1.2,下游的 NO 摩尔分数显著下降(约 50 ppm),这为氨气的清洁应用提供了可能。

为了研究氨气/空气混合物化学反应过程中 NH_3 的消耗过程,对有 NH_3 参与的主要基元反应进行了分析。图 6.28 为不同基元反应的 NH_3 的生成速率,符号为正代表 NH_3 被生成,符号为负代表 NH_3 被消耗。从图中可以看出,NH_3 的消耗速率远大于它的生成速率。在氨气/空气混合物反应过程中,与 NH_3 相关的重要基元反应主要是 R29($NH_3+H \Longrightarrow NH_2+H_2$)、R30($NH_3+O \Longrightarrow NH_2+OH$)、R31($NH_3+OH \Longrightarrow NH_2+H2O$)、R45($NH_2+NH_2 \Longrightarrow NH_3+NH$)、R190($N_2H_3+NH_2 \Longrightarrow H_2NN+NH_3$)和 R197($N_2H_2+NH_2 \Longrightarrow NNH+NH_3$)。$NH_3$ 的消耗主要通过 R29、R30 和 R31,其中 R31 的反应速率最大。NH_3 的生成主要通过 R45 和 R190,其中 R45 的生成速率最大。随着当量比从 0.9 增大到 1.0,R31 的反应速率降低,R29 和 R30 反应速率显著升高,NH_3 的总消耗速率略微增大;当量比为 1.0 和 1.1 时,NH_3 的总消耗速率变化不大,随着当量比进一步从 1.1 增大到 1.2,R31 的反应速率显著降低,R29 和 R30 反应速率变化并不明显,NH_3 的总消耗速率显著降低。因此,随着当量比的增大,NH_3 的总消耗速率呈现出先上升后降低的变化趋势。

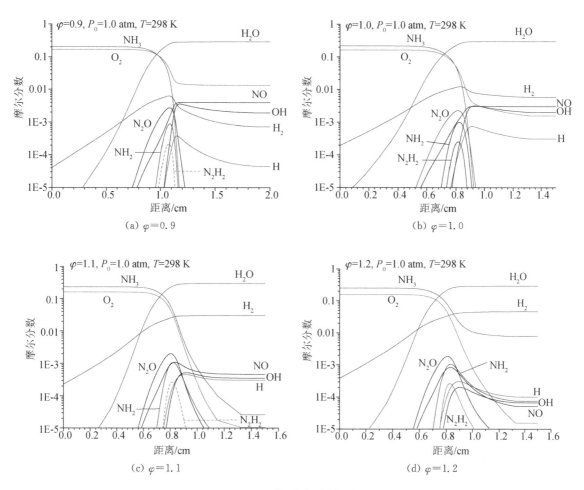

（a）$\varphi=0.9$

（b）$\varphi=1.0$

（c）$\varphi=1.1$

（d）$\varphi=1.2$

图 6.27　氨/空气火焰结构

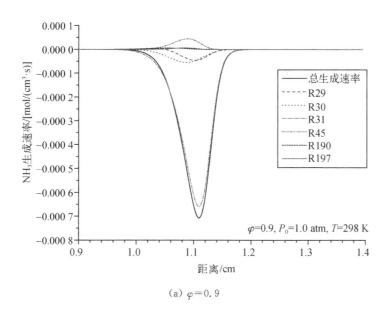

（a）$\varphi=0.9$

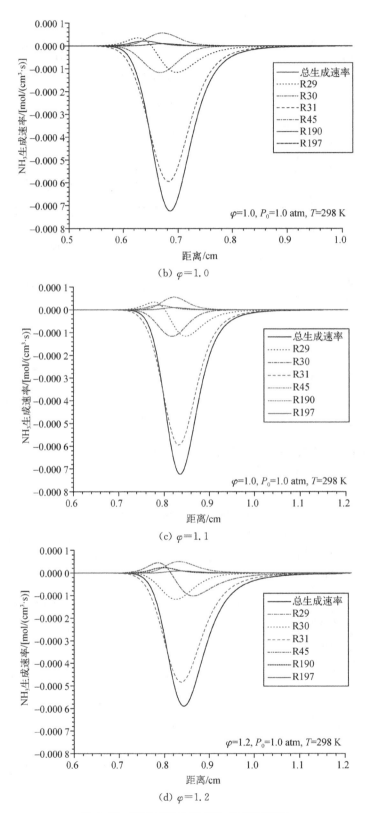

(b) $\varphi = 1.0$

(c) $\varphi = 1.1$

(d) $\varphi = 1.2$

图 6.28　不同当量比下 NH₃ 的反应速率

6.3.2 氢气/氨气复合燃料/空气火焰

接下来对氢气/氨气复合燃料/空气混合物开展了详细的化学反应动力学研究。图 6.29 所示为常压理论当量比,燃料配比为 1.0 条件下氢气/氨气/空气火焰的主要反应路径。氨气主要通过 R29、R30 和 R31 反应来消耗,其中,R31 仍是氨气最重要的消耗路径。氢气的消耗主要是与 OH 和 O 反应:

$$H_2 + OH \longrightarrow H + H_2O \tag{R4}$$

$$H_2 + O \longrightarrow OH + H \tag{R3}$$

O_2 主要与 H 反应而消耗:

$$H + O_2 \longrightarrow OH + O \tag{R1}$$

此外,R13 和 R69 也消耗了部分氧气:

$$H + O_2(+M) \longrightarrow HO_2(+M) \tag{R13}$$

$$N + O_2 \longrightarrow NO + O \tag{R69}$$

NH_2 的消耗主要通过:

$$NH_2 + H \longrightarrow NH + H_2 \tag{R33}$$

$$NH_2 + O \longrightarrow HNO + H \tag{R34}$$

$$NH_2 + OH \longrightarrow NH + H_2O \tag{R37}$$

$$NH_2 + HO_2 \longrightarrow H_2NO + OH \tag{R39}$$

$$NH_2 + HO_2 \longrightarrow HNO + H_2O \tag{R40}$$

$$NH_2 + NO \longrightarrow N_2 + H_2O \tag{R49}$$

$$NH_2 + NO \longrightarrow NNH + OH \tag{R51}$$

$$NH_2 + NO_2 \longrightarrow N_2O + H_2O \tag{R53}$$

NH_2 与 H 和 OH 反应生成的 NH 主要通过与 O 和 H 反应消耗:

$$NH + H \longrightarrow N + H_2 \tag{R55}$$

$$NH + O \longrightarrow NO + H \tag{R56}$$

R39 生成的 H_2NO 与 H 和 OH 反应形成 HNO:

91

$$H_2NO+H \Longrightarrow HNO+H_2 \tag{R97}$$

$$H_2NO+OH \Longrightarrow HNO+H_2O \tag{R100}$$

随后,HNO 继续与 H 和 OH 反应生成 NO:

$$HNO+H \Longrightarrow NO+H_2 \tag{R118}$$

$$HNO+OH \Longrightarrow NO+H_2O \tag{R120}$$

另外,O_2 和 OH 与 N 的反应也会生成部分 NO:

$$N+OH \Longrightarrow NO+H \tag{R68}$$

$$N+O_2 \Longrightarrow NO+O \tag{R69}$$

最后,NO 与 NH_2 通过反应 R49 生成产物 N_2 和 H_2O。同时,R71 和 R77 也是 N_2 生成的主要路径:

$$NNH \Longrightarrow N_2+H \tag{R71}$$

$$NNH+O_2 \Longrightarrow N_2+HO_2 \tag{R77}$$

从图 6.29 中可以看出,OH、H、O 自由基在氢气/氨气/空气火焰的发展过程中起着关键作用,其浓度越高,燃料消耗的正反应速度越快。在氨气中加入氢气会增加混合物中的氢气浓度,促进反应 R3 和 R4 的发生,从而产生大量的 H 和 OH。关键自由基浓度的增加必然导致燃料消耗速度加快。

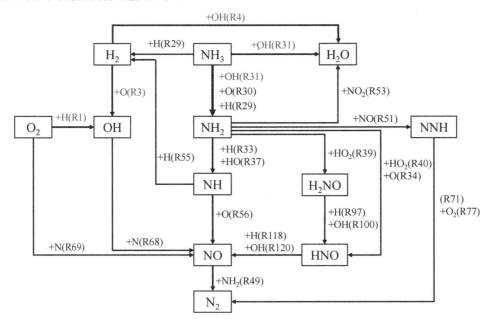

图 6.29　氢气/氨气/空气混合物主要反应路径($x=1.0$, $\varphi=1.0$, $P_0=1.0$ atm)

对氢气/氨气/空气混合物的层流燃烧速度进行敏感性分析,结果如图 6.30 所示。R1($H+O_2$ ⟶ $O+OH$)是氧化剂的重要消耗途径。加入氢气后,R1 的灵敏度系数由负变正,表明 R1 对火焰速度的影响由抑制变为促进。R3($O+H_2$ ⟶ $OH+H$)和 R4($OH+H_2$ ⟶ $H+H_2O$)是重要的燃料消耗路径,它们通过消耗氢气产生大量的关键自由基(OH 和 H),从而维持燃烧过程的发展。氢浓度的增加会促进 R3 和 R4 的正反应,导致关键自由基浓度的增加,从而加快反应速度。随着燃料配比的增大,混合物中氢气组分比例增大,R3 和 R4 的敏感性系数增大,这意味着它们对燃烧速度的促进作用增强。

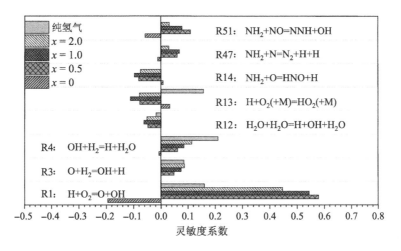

图 6.30　氢气/氨气/空气混合物敏感性分析

图 6.31 所示为常压下理论当量比时,氢气/氨气/空气混合物在不同燃料配比时反应过程中反应物、生成物和主要自由基摩尔分数的变化。从图中可以看出,反应物中 NH_3 消耗最快,H_2 和 O_2 在消耗一定量后浓度保持恒定,并且产生了大量的 NO、OH、H 和 O,其中 NO 的摩尔分数最大。随着燃料配比的增大,氢气的摩尔分数升高,氨气的摩尔分数降低,其产物 NO、OH、H 和 O 的摩尔分数也都会增大。

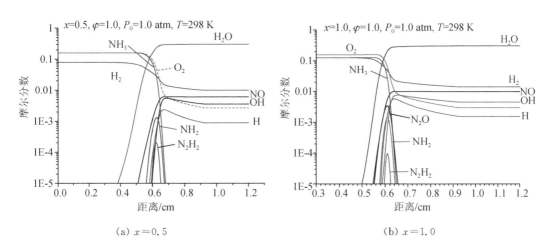

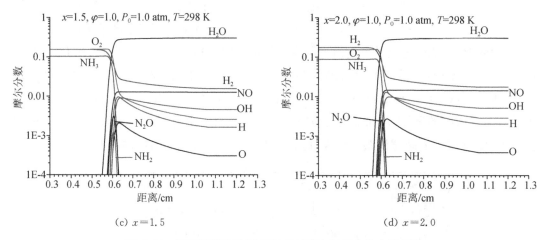

(c) $x=1.5$ (d) $x=2.0$

图 6.31 不同燃料配比下氢气/氨气/空气混合物火焰结构

图 6.32 为不同燃料配比下 H_2 的反应速率,从图中可以看出,R3($O+H_2$ ══ $OH+H$)和 R4($OH+H_2$ ══ $H+H_2O$)是燃料 H_2 的主要消耗路径,R29(NH_3+H ══ NH_2+H_2)、R33(NH_2+H ══ $NH+H_2$)、R55($NH+H$ ══ $N+H_2$)和 R118($HNO+H$ ══ $NO+H_2$)是 H_2 的主要生成路径,其中 R33 的生成速率最大。随着燃料配比的增大,氢气的消耗速率和生成速率都有所提高,但消耗速率提升的幅度明显高于生成速率提升的幅度。

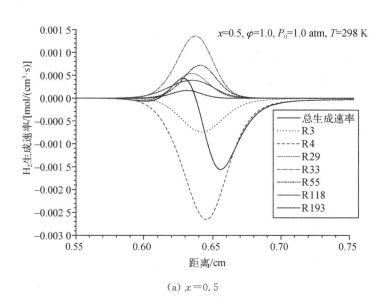

(a) $x=0.5$

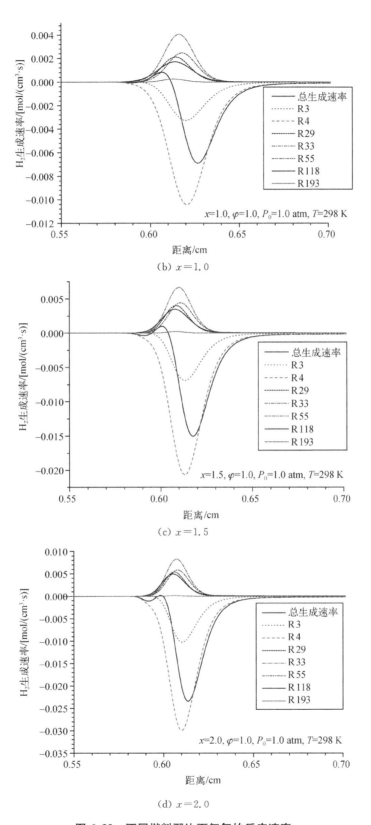

（b）$x=1.0$

（c）$x=1.5$

（d）$x=2.0$

图 6.32　不同燃料配比下氢气的反应速率

彩图二维码

　　图 6.33 为不同燃料配比下 NH_3 的反应速率,从图中可以看出,与 NH_3 相关的重要基元反应主要包括 R28($NH_3+M \Longrightarrow NH_2+H+M$),R29、R30、R31、R45 和 R190。氨气的消耗主要通过 R29、R30 和 R31,NH_3 的生成主要通过 R28、R45 和 R190,NH_3 的生成速率非常低,因此在反应过程中 NH_3 的摩尔分数迅速降低,如图所示,随着燃料配比的增大,R28 的反应速率增大比较明显,这是由于氢气的增加,导致了 H 自由基的增多,但总体来说,NH_3 的消耗速率增大的更快,基元反应 R29、R30 和 R31 的反应速率都明显增大,这从机理上解释了加氢能够有效提高氨气火焰传播速度。

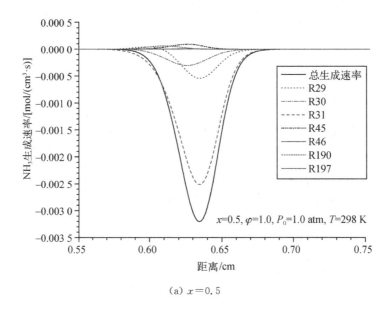

(a) $x=0.5$

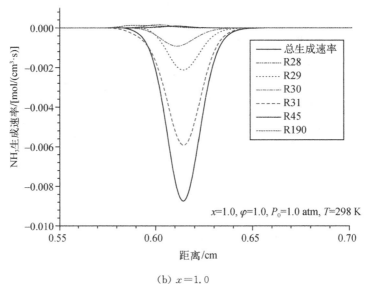

(b) $x=1.0$

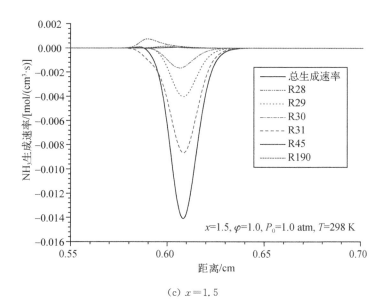

(c) $x=1.5$

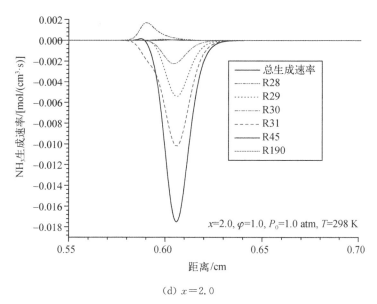

(d) $x=2.0$

图 6.33 不同燃料配比下氨气的反应速率

彩图二维码

综合上述研究发现,随着燃料配比的增大,复合燃料/空气混合物中,NH_3 和 H_2 的反应速率都会得到明显提升,在综合作用下,混合气体的反应强度增加,火焰传播速度随之增大。本研究中涉及的基元反应和其在机理文件中相对应的步骤编号如表 6.1 所示。

表 6.1　本研究中涉及的基元反应和相对应的步骤编号

反应步骤	基元反应
R1	$H+O_2 =\!=\!= O+OH$
R3	$H_2+O =\!=\!= OH+H$
R4	$H_2+OH =\!=\!= H+H_2O$
R12	$H_2O+H_2O =\!=\!= H+OH+H_2O$
R13	$H+O_2(+M) =\!=\!= HO_2(+M)$
R29	$NH_3+H =\!=\!= NH_2+H_2$
R30	$NH_3+O =\!=\!= NH_2+OH$
R31	$NH_3+OH =\!=\!= NH_2+H_2O$
R33	$NH_2+H =\!=\!= NH+H_2$
R34	$NH_2+O =\!=\!= HNO+H$
R37	$NH_2+OH =\!=\!= NH+H_2O$
R39	$NH_2+HO_2 =\!=\!= H_2NO+OH$
R40	$NH_2+HO_2 =\!=\!= HNO+H_2O$
R49	$NH_2+NO =\!=\!= N_2+H_2O$
R51	$NH_2+NO =\!=\!= NNH+OH$
R53	$NH_2+NO_2 =\!=\!= N_2O+H_2O$
R55	$NH+H =\!=\!= N+H_2$
R56	$NH+O =\!=\!= NO+H$
R68	$N+OH =\!=\!= NO+H$
R69	$N+O_2 =\!=\!= NO+O$
R71	$NNH = N_2+H$
R77	$NNH+O_2 =\!=\!= N_2+HO_2$
R97	$H_2NO+H =\!=\!= HNO+H_2$
R100	$H_2NO+OH =\!=\!= HNO+H_2O$
R118	$HNO+H =\!=\!= NO+H_2$
R120	$HNO+OH =\!=\!= NO+H_2O$

6.4　本章小结

本章通过高速摄影、纹影系统捕捉到氢气/氨气复合燃料/空气混合气体的火焰传播轨迹,采用非线性外推方法对层流燃烧速度进行了实验测定,研究了燃料配比、当量比和初始压力对层流燃烧速度的影响规律。并对现有机理模型的预测能力进行了验证,选用预测能力最好的机理模型对氨燃料火焰开展了详细的化学反应动力学研究。主要结论如下。

(1) 对于不同当量比和初始压力条件下的氢气/氨气/空气混合物,其层流燃烧速度均随着燃料配比的增加而单调增大,随氢气比例的增大呈指数增加。不同燃料配比和初始压力条件下的氢气/氨气/空气混合物层流燃烧速度与当量比之间均呈现出倒置的"U"形关系,最大值出现在当量比 $1.0 \sim 1.2$ 范围内。相比燃料配比和当量比,初始压力对氢气/氨气/空气混合物层流燃烧速度的影响较弱,随着初始压力的增加,层流燃烧速度逐渐减小。

(2) 给出了氢气/氨气/空气混合物层流燃烧速度的经验拟合公式,可以很好地预测常压、不同当量比($0.8 \sim 1.2$)和不同氢气比例($0\% \sim 100\%$)条件下混合气体的层流燃烧速度。

(3) 燃料组成对层流燃烧速度的影响应该是热扩散率和质量扩散率两种因素共同作用的结果,而火焰温度的主要影响体现在同种物质组成下当量比(浓度)因素对层流燃烧速度上。

(4) 氨气的消耗主要通过基元反应 R29($NH_3 + H = NH_2 + H_2$)、R30($NH_3 + O = NH_2 + OH$)和 R31($NH_3 + OH = NH_2 + H_2O$)来进行,其中与 OH 的去氢反应 R31 是氨气最重要的消耗路径。氢气的消耗主要通过 R3($O + H_2 = OH + H$)和 R4($OH + H_2 = H + H_2O$)来进行。对于氢气/氨气复合燃料/空气混合物,随着燃料配比的增大,氨气和氢气的反应速率都会增大。

第七章　零碳气体燃料混合物的火焰稳定性

除了层流燃烧速度外,火焰稳定性也是气体燃料层流燃烧研究的一个重要方面。预混火焰在传播过程中会受到各种外在扰动和内在不稳定因素的影响,火焰前锋面不再保持光滑,逐渐产生裂纹和褶皱,从而导致火焰失稳,这也是火焰发生加速甚至出现爆炸的根本原因。在密闭燃烧室中,外在扰动对火焰传播的影响是有限的,本章主要针对火焰的内在不稳定因素进行研究。火焰的内在不稳定因素由燃料自身的理化特性决定,包括热-质扩散不稳定性、流体力学不稳定性和体积力不稳定性三个方面,不同燃料/氧化剂混合物的火焰稳定性各不相同。目前关于可燃气体混合物火焰稳定性的研究主要集中在氢气和碳氢燃料方面,对氨气以及氢气/氨气组合形成的复合燃料体系火焰稳定性的研究较少。本章首先对氢气/氧化剂、氨气/氧化剂混合物的火焰稳定性及其内在影响机制进行研究。通过建立的火焰传播特性研究实验系统,开展了一系列不同条件下的火焰传播实验,利用高速摄影、纹影系统捕捉和记录火焰图像,分析初始条件(当量比、初始压力和燃料配比)对火焰表面结构和火焰形貌的影响,同时结合计算得到的火焰稳定性表征参数对火焰稳定性的内在影响机制进行分析。

7.1　火焰内在不稳定性及其表征参数

火焰的内在不稳定因素包括热-质扩散不稳定性、流体力学不稳定性和体积力不稳定性三个方面。热-质扩散不稳定性主要是由于火焰前锋面附近质量扩散强于热量扩散引起的。热-质扩散不稳定性通常用 Lewis 数(Le)来进行表征,Lewis 数定义为热扩散系数和质量扩散系数的比值。

$$Le = \frac{\alpha}{D} = \frac{\lambda}{\rho C_p D} \tag{7.1}$$

式中:α 和 D 分别为热扩散系数和质量扩散系数,λ 和 C_p 分别是热导率和定压比热容。当 Lewis 数小于 1 时,质量扩散强于热量扩散,火焰前锋凸起的部分将获得更多的新鲜可燃混气,且由于热量不能及时扩散出去,造成局部温度升高,反应会更加剧烈,火焰传播加速,凸起的部分会得到增强,火焰表面褶皱增加,不稳定性也增强了;当 Lewis 数大于 1 时,热量扩散强于质量扩散,火焰前锋凸起的部分会因为热量散失较快而受到抑制,火焰趋于稳定。

目前对具有单一燃料反应物的可燃混合物的 Lewis 数,有着明确的定义方法,在计算

Lewis 数时,混合物的质量扩散系数通常采用不足反应物在其余组分中的等效质量扩散系数。关于双组分燃料的有效 Lewis 数计算方法尚不统一,目前主要有三种不同的计算方法[118]:

（1）基于热释放：

$$Le_H = 1 + \frac{q_1(Le_1-1)+q_2(Le_2-1)}{q_1+q_2} \tag{7.2}$$

（2）基于体积：

$$Le_V = x_1 Le_1 + x_2 Le_2 \tag{7.3}$$

（3）基于扩散

$$Le_D = \frac{\alpha}{x_1 D_1 + x_2 D_2} \tag{7.4}$$

其中,q_i 表示组分 i 的无量纲放热; x_i 表示组分 i 的体积分数; D_i 表示组分 i 的等效质量扩散系数。

流体力学不稳定性又称 Darrieus-Landau 不稳定性。流体力学不稳定性是由于热膨胀作用造成火焰锋面前后密度跳动引起的,火焰在传播过程中一直受到流体力学不稳定性的影响。火焰在传播初期,火焰半径较小时,拉伸率反而较大,火焰受热膨胀作用的影响并不明显;随着火焰不断传播,拉伸率逐渐减小,稳定作用随之减弱,火焰面积的增加不能及时地扩展出去,就会在火焰表面形成褶皱,并不断分裂、增加,发展成胞格状结构,从而加速了火焰传播,导致火焰失稳。流体力学不稳定性通常可以用火焰厚度来表征。关于火焰厚度的定义并不统一,但是火焰厚度的总体变化趋势是一致的。为了便于计算,根据 Law[13] 的描述,火焰厚度可以定义为火焰的热扩散厚度：

$$\delta = \frac{\alpha}{S_L} = \frac{\lambda}{\rho C_p S_L} \tag{7.5}$$

式中：δ 为火焰厚度,mm。火焰厚度越小,曲率对火焰的稳定作用越弱,同时火焰锋面斜压扭矩越大,流体力学不稳定性影响越大。

体积力不稳定性又称 Rayleigh-Taylor 不稳定性。体积力不稳定性是指由于已燃气体密度低于其上方未燃气体的密度,在重力诱导的浮力作用下火焰逐渐向上飘移的不稳定性现象。体积力不稳定性通常发生在燃烧极限附近,此时火焰传播速度较慢,浮力对火焰传播过程有明显的影响。事实上只有在火焰速度小于 10 cm/s 的极限燃烧（处于可燃上限或可燃下限）的情况下,才对层流火焰形状有明显的影响[23, 164]。

7.2　氢气/氧化剂混合物火焰稳定性研究

对不同当量比和初始压力下的氢气/空气混合物和氢气/氧气混合物火焰稳定性进行

了研究。氢气反应活性高,火焰传播速度快,其火焰稳定性主要由热-质扩散不稳定性和流体力学不稳定性主导。

7.2.1 初始条件对氢气/空气混合物火焰稳定性的影响

（1）当量比的影响

首先研究了当量比对氢气/空气混合物火焰稳定性的影响,火焰表面的结构和形状是火焰稳定性的直观表现,图7.1显示了常压下氢气/空气混合物在不同当量比时的火焰图像。从图中可以看出,不同当量比下的氢气/空气混合物在点火后,火焰均以点火源为中心呈近似球形向四周扩展。在当量比为0.3和0.5时,火焰表面形成十分明显的胞格状结构,当量比为0.3时,胞格状结构更明显;当量比为1.0时,火焰表面粗糙程度减弱,在火焰半径4cm时出现明显的裂纹,在火焰半径6cm时裂纹规模增大,但还没有形成明显的胞格状结构;当量比为1.2时,在火焰半径6cm时才观察到较为明显的裂纹,裂纹数量相比于当量比1.0时大幅度减少;当量比为1.5和2.0时,火焰表面较为光滑,只有一些由于点火扰动形成的裂纹,这些裂纹并不会随火焰的扩展而分裂增加。由此可以发现,随着当量比的增大,氢气/空气混合物火焰表面光滑程度不断增强。

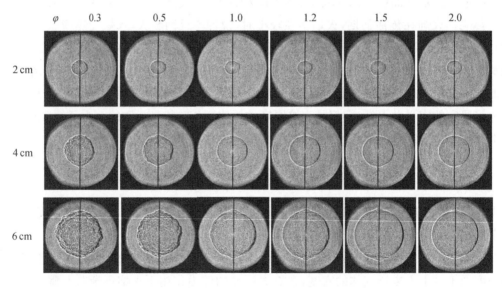

图7.1 不同当量比下氢气/空气混合物火焰图像($P_0 = 1.0$ atm)

显然,氢气/空气混合物火焰传播过程中的不稳定现象表现为火焰表面裂纹结构的出现和加剧,这是由于热-质扩散不稳定性和流体力学不稳定性所导致的。图7.2所示为不同初始压力下氢气/空气混合物热-质扩散不稳定性表征参数Lewis数与当量比的关系,从图中可以看出,Lewis数主要受当量比的影响,初始压力对其影响非常有限。氢气/空气混合物在贫燃时,Le小于1,质量扩散强于热量扩散,热-质扩散不利于火焰稳定;富燃时,Le大于1,热量扩散强于质量扩散,热-质扩散因素对火焰起稳定作用。因此热-质扩散不稳定性对氢气/空气混合物火焰稳定性的影响主要体现在贫燃条件下,且当量比越小,Lewis 数越低,热-质扩散不稳定性越强。

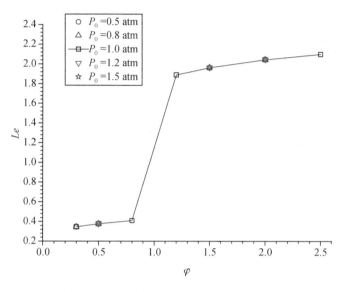

图 7.2 不同初始压力下氢气/空气混合物 Lewis 数与当量比的关系

图 7.3 为不同初始压力下氢气/空气混合物流体力学不稳定性表征参数火焰厚度与当量比的关系,从图中可以看出,在室压下,随着当量比从 0.3 增加到 1.5,火焰厚度从 0.122 mm 逐渐减小到 0.018 mm,随着当量比进一步增加,火焰厚度开始逐渐增大,但增大趋势并不明显,当量比从 1.5 增加到 2.5,火焰厚度从 0.018 mm 增加到 0.025 mm。对于不同初始压力条件下的氢气/空气混合物,随着当量比的增加,氢气/空气混合物火焰厚

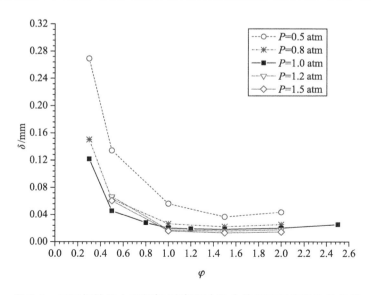

图 7.3 不同初始压力下氢气/空气混合物火焰厚度与当量比的关系

度均呈现出先快速减小后逐渐增大的趋势,最低值出现在偏向于富燃一侧($\varphi=1.5$)的位置,此时流体力学不稳定性对氢气/空气火焰稳定性的影响最大。流体力学不稳定性对氢气/空气火焰稳定性的影响主要集中在富燃区域,贫燃时的氢气/空气混合物火焰厚度较大,流体力学不稳定性较弱。

火焰不稳定性影响所产生的综合效应可以用马克斯坦长度来表征,图 7.4 为不同初始压力下的氢气/空气混合物的马克斯坦长度 (L_u) 与当量比的关系,从图中可以看出,不同初始压力条件下的氢气/空气混合物马克斯坦长度均随着当量比的增加而逐渐增加,在贫燃条件下,马克斯坦长度主要为负值,此时火焰传播速度随着拉伸率的增加而增大,当火焰锋面出现突起时,突起部分将得到增强,火焰易于失稳;随着当量比的增加,马克斯坦长度逐渐增大,由负值转变为正值,此时火焰传播速度随着拉伸率的增加而减小,火焰的不稳定现象将得到抑制,火焰趋于稳定。

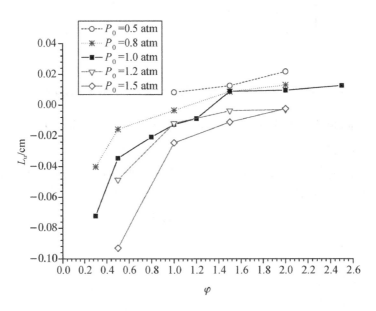

图 7.4 不同初始压力下氢气/空气混合物马克斯坦长度与当量比的关系

对于不稳定火焰,在传播到某一半径后,火焰传播速度会由于火焰的失稳而骤然增加,这一半径我们称为临界失稳半径 (R_{cr})。临界失稳半径是衡量火焰整体稳定性的另一个重要参数,可以反映火焰失去稳定性的难易程度,临界失稳半径越小代表着火焰在传播过程中越容易失去稳定,说明火焰稳定性越差。图 7.5 所示为不同初始压力下的氢气/空气混合物临界失稳半径与当量比的关系,可以发现随着氢气/空气混合物当量比的增加,临界失稳半径越来越大,说明火焰稳定性也在逐渐增强,当量比增加到一定值时,火焰传播保持稳定,此时不再存在临界失稳半径。因此,随着当量比的增加,马克斯坦长度和临界失稳半径都呈现出增长的趋势,说明火焰整体稳定性增强,这与从火焰表面结构研究得到的结果是一致的。

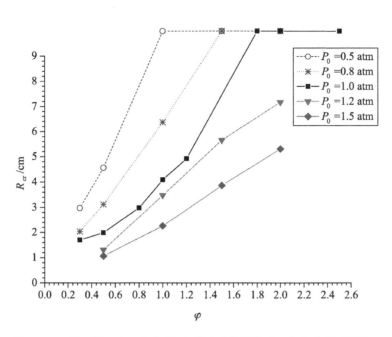

图 7.5　不同初始压力下氢气/空气混合物临界失稳半径与当量比的关系

　　通过对火焰表面结构和火焰稳定性表征参数的研究发现,热-质扩散不稳定性和流体力学不稳定性共同影响着氢气/空气混合物的火焰稳定性。在贫燃条件下,热-质扩散不稳定性对火焰稳定性的影响占主导地位,随着当量比的增加,热-质扩散不稳定性减弱,而火焰稳定性增强;在富燃条件下,热-质扩散作用有利于火焰稳定,此时火焰不稳定性的出现主要是受流体力学不稳定性的影响,在稍偏向于富燃区域的位置,流体力学不稳定性最强,随着当量比的增加,流体力学不稳定性逐渐减弱,同时随着热-质扩散稳定作用的增强,火焰整体稳定性也增强了。总的来说,随着当量比的增加,氢气/空气混合物火焰稳定性增加,火焰表面光滑程度增强。

　　(2)初始压力的影响

　　图 7.6 显示了理论当量比下氢气/空气混合物在不同初始压力时的火焰图像。从图中可以看出,在初始压力为 0.5 atm 时,火焰表面较为光滑;初始压力为 0.8 时,在较大的半径处火焰表面出现裂纹;当初始压力增加到 1.0 atm 时,火焰在半径 6 cm 处其表面产生了大量的裂纹,数量明显多于初始压力为 0.8 atm 时;在初始压力为 1.2 atm 和 1.5 atm 时,火焰在半径 4 cm 时表面就已经出现了大量的裂纹,而在 6 cm 处表面已经布满了细小的胞格状结构,初始压力为 1.5 atm 时胞格状结构更明显。

　　图 7.7 为氢气/空气混合物 Lewis 数与初始压力的关系,从图中可以看出,Lewis 数几乎不随初始压力的变化而变化,说明压力对热-质扩散不稳定的影响非常小。

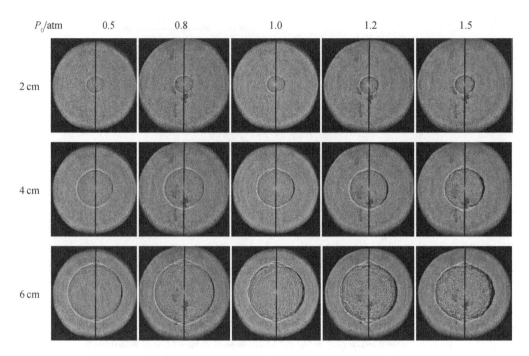

图 7.6　不同初始压力下的氢气/空气混合物火焰图像($\varphi=1.0$)

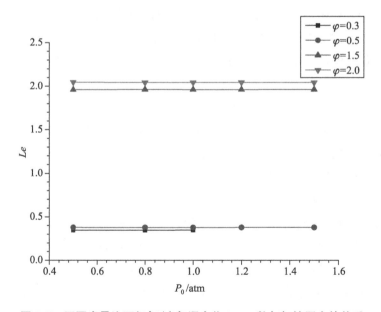

图 7.7　不同当量比下氢气/空气混合物 Lewis 数与初始压力的关系

　　图 7.8 为不同当量比下氢气/空气混合物火焰厚度与初始压力的关系,从图中可以看出,随着初始压力的增加,火焰厚度逐渐减小,这说明曲率对火焰的稳定作用减弱,同时由于火焰面斜压扭矩增大,致使流体力学不稳定性增强。因此,初始压力对氢气/空气混合

物火焰稳定性的影响主要体现在流体力学不稳定性上,随着初始压力的增加,流体力学不稳定性也随之增强,火焰稳定性减弱。

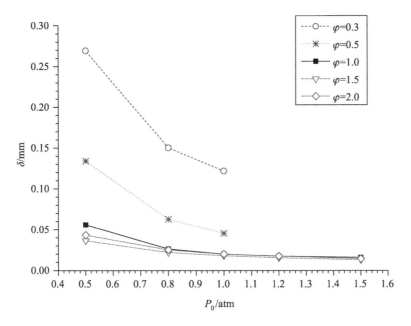

图 7.8　不同当量比下氢气/空气混合物火焰厚度与初始压力的关系

图 7.9 显示了不同当量比下氢气/空气混合物火焰整体稳定性表征参数马克斯坦长度随初始压力的变化趋势,从图中可以看出,马克斯坦长度随着初始压力的增加而不断降

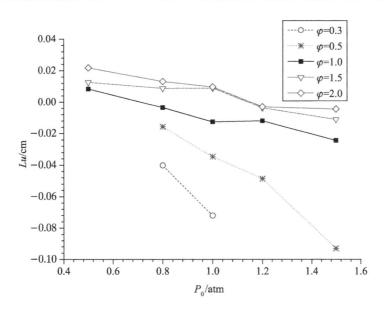

图 7.9　不同当量比下氢气/空气混合物马克斯坦长度与初始压力的关系

低,说明火焰的整体稳定性在减低。图 7.10 显示了不同当量比条件下氢气/空气混合物临界失稳半径随初始压力的变化趋势,从图中可以看出,随着初始压力的增加,临界失稳半径同样呈现出下降的趋势。从马克斯坦长度和临界失稳半径的研究结果可以发现,氢气/空气混合物火焰稳定性随着初始压力的增加而降低,与火焰表面结构观察到的结果一致。

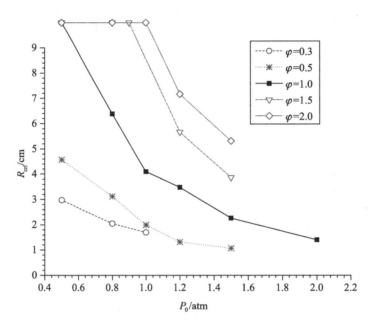

图 7.10　不同当量比下临界失稳半径与初始压力的关系

总的来说,初始压力对氢气/空气混合物火焰稳定性的影响主要体现在流体力学不稳定性上,随着初始压力的增加,流体力学不稳定性增强,火焰整体稳定性减弱,而火焰表面的胞格状结构加剧。

7.2.2　初始条件对氢气/氧气混合物火焰稳定性的影响

（1）当量比的影响

首先对不同当量比下氢气/氧气混合物的火焰稳定性进行了研究,图 7.11 显示了氢气/氧气混合物在不同当量比时的火焰图像。图 7.11(a)所示为初始压力 1.0 atm 时,不同当量比下的火焰图像,从图中可以看出,氢气/氧气混合物极易失稳,在所研究的当量比范围内,火焰表面都出现了明显的胞格状结构。图 7.11(b)所示为初始压力 0.5 atm 时,不同当量比下的火焰图像,从图中可以看出,在火焰半径 4 cm 处,火焰表面较为光滑,随着火焰发展到半径 6 cm 处,当量比为 1.5 时火焰表面仍保持光滑,而当量比为 0.5、0.8 和 1.0 时火焰表面形成细小的胞格状结构,由此可见,当量比越小,火焰表面胞格状结构越明显。

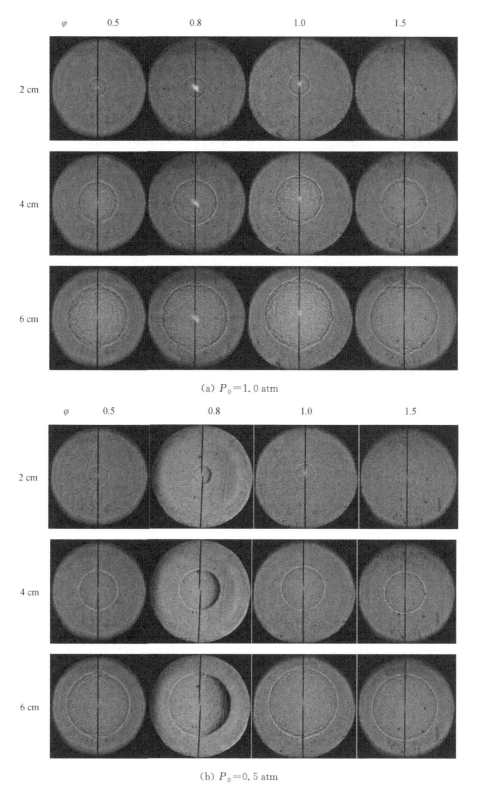

(a) $P_0 = 1.0$ atm

(b) $P_0 = 0.5$ atm

图 7.11 不同当量比下氢气/氧气混合物火焰图像

与氢气/空气混合物相同,氢气/氧气混合物火焰的不稳定性主要由热-质扩散不稳定性和流体力学不稳定性主导。通常用 Lewis 数来表征热-质扩散不稳定性,图 7.12 为不同实验条件下氢气/氧气混合物的 Lewis 数。从图中可以看出,氢气/氧气混合物 Lewis 数主要受当量比影响,而压力对 Lewis 数的影响不大,不同压力时的 Lewis 数近乎不变。在富燃情况下,氢气/氧气混合物 Lewis 数大于 1,火焰对热-质扩散过程是本质稳定的;相反,在贫燃情况下,Lewis 数小于 1,热-质扩散过程不利于火焰稳定。

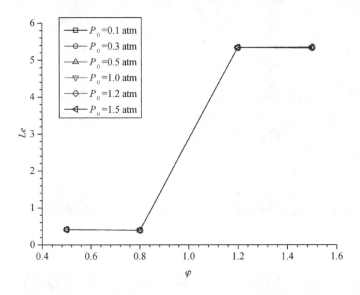

图 7.12   不同初始压力下氢气/氧气混合物的 Lewis 数与当量比的关系

流体力学不稳定性可以用火焰厚度来表征,图 7.13 为不同初始压力下氢气/氧气混合物在不同当量比时的火焰厚度。从图中可以看出,当量比对火焰厚度的影响并不明显,

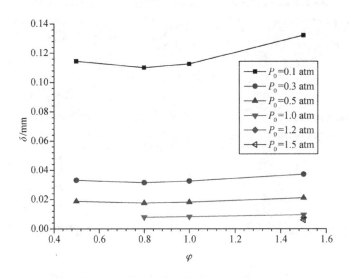

图 7.13   不同初始压力下氢气/氧气混合物的火焰厚度与当量比的关系

对于不同初始压力条件下的氢气/氧气混合气体,火焰厚度随当量比的变化趋势一致。在当量比为 0.8 时火焰厚度取得最小值,此时流体力学不稳定性最强;当当量比偏离 0.8 时,火焰厚度略微增长,流体力学不稳定性减弱。

图 7.14 为不同初始压力下氢气/氧气混合物的马克斯坦长度与当量比的关系。从图中可以看出,随着当量比的增加,马克斯坦长度逐渐增加,在初始压力为 0.3 atm 时,随着当量比从 0.5 增大到 0.8,马克斯坦长度由负转正,火焰趋于稳定,说明火焰整体稳定性随着当量比的增大逐渐增强。图 7.15 所示为氢气/氧气混合物临界失稳半径与当量比的

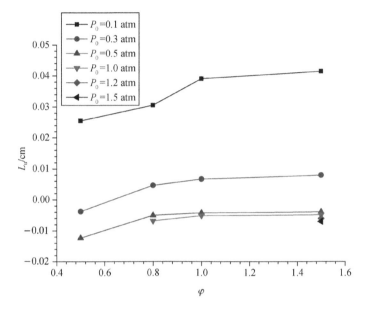

图 7.14　不同初始压力下氢气/氧气混合物马克斯坦长度与当量比的关系

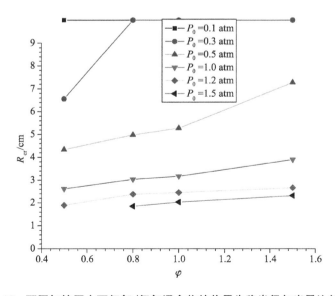

图 7.15　不同初始压力下氢气/氧气混合物的临界失稳半径与当量比的关系

关系,从图中可以看出,随着当量比的增加,临界失稳半径增大,说明当量比越大,氢气/氧气火焰越不容易失去稳定。因此,氢气/氧气混合物火焰的整体稳定性随着当量比的增加而逐渐增强。

（2）初始压力的影响

为了研究初始压力对氢气/氧气混合物火焰稳定性的影响,图 7.16 显示了理论当量比下的氢气/氧气混合物在不同初始压力时的火焰图像。从图中可以看出,当初始压力为 0.1 atm 和 0.3 atm 时,火焰表面一直保持光滑状态;当初始压力为 0.5 atm 时,火焰在半径 4 cm 之前其表面保持光滑,但在半径 6 cm 处形成了细小的胞格状结构;当初始压力为 1.0 atm、1.2 atm 和 1.5 atm 时,在半径为 4 cm 时火焰表面出现了明显的胞格状结构,由此可见,初始压力越高,火焰表面的胞格状结构越细越密。

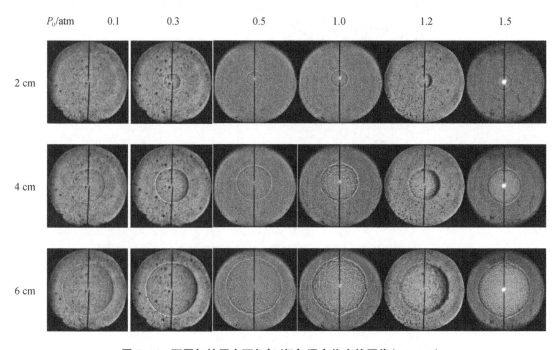

图 7.16 不同初始压力下氢气/氧气混合物火焰图像($\varphi=1.0$)

不同初始压力下的氢气/氧气混合物 Lewis 数近乎相同,压力对热-质扩散不稳定性的影响非常小,如图 7.12 所示。初始压力对氢气/氧气混合物火焰稳定性的影响仅体现在流体力学不稳定性上。图 7.17 显示了不同当量比时氢气/氧气混合物的流体力学不稳定性表征参数火焰厚度与初始压力的关系,从图中可以看出,初始压力对氢气/氧气混合物火焰厚度的影响十分明显,随着压力的增加,火焰厚度显著减小。如理论当量比时,初始压力从 0.1 atm 增长到 1.0 atm 时,氢气/氧气混合物的火焰厚度从 0.113 mm 迅速下降到 0.008 mm。这说明初始压力对流体力学不稳定性的影响显著,随着初始压力的增加,流体力学不稳定性迅速增强。氢气/氧气混合物的火焰厚度很小,远低于相同条件下的氢气/空气混合物的火焰厚度,这是氢气/氧气混合物火焰在稍高的初始压力下很快失稳,从而形成胞格状结构的主要原因。

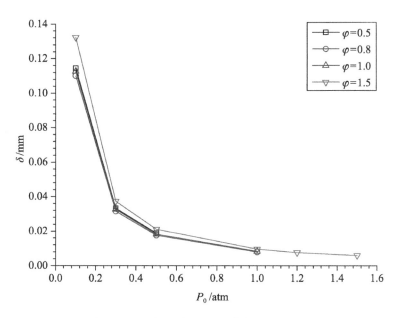

图 7.17　不同当量比时氢气/氧气混合物的火焰厚度与初始压力的关系

　　为了反映氢气/氧气混合物火焰不稳定性的综合效应,图 7.18 为不同当量比下氢气/氧气混合物马克斯坦长度与初始压力的关系。从图中可以看出,当初始压力为 0.1 atm 时,氢气/氧气混合物马克斯坦长度在所讨论的当量比(0.5、0.8、1.0 和 1.5)中都为正值,火焰整体稳定;当初始压力增长到 0.3 atm 时,当量比 0.8、1.0 和 1.5 的氢气/氧气混合物马克斯坦长度保持为正值,火焰较为稳定,而当量比为 0.5 的氢气/氧气混合物马克斯坦长度由正转负,火焰趋于失稳;当初始压力继续增加到 0.5 atm 时,各当量比下的氢气/氧气混合物马克斯坦长度都变为负值,火焰整体稳定性较差。因此,氢气/氧气混合物马克斯坦长度随着初始压力的增加而迅速降低,在某一初始压力时由正转负,火焰由稳定向失稳转变,说明火焰稳定性随着初始压力的增加而显著下降。图 7.19 为氢气/氧气混合物临界失稳半径与初始压力的关系,从图中可以看出,随着初始压力的增加,临界失稳半径显著下降,说明火焰变得更容易失稳。因此,氢气/氧气混合物火焰整体稳定性随着初始压力的增加而减弱。

　　研究发现,初始压力对氢气/氧气混合物火焰的稳定性具有显著的影响,随着初始压力的增加,火焰厚度迅速减小,流体力学不稳定性显著增强,火焰整体稳定性减弱,火焰表面不稳定现象增强。在本研究中仅在较低的初始压力为 0.1 atm 和 0.3 atm 时,火焰表面在可观察区域内始终保持光滑,在初始压力为 0.5 atm 时,火焰在传播过程中就已经发生了裂纹结构的产生与发展。

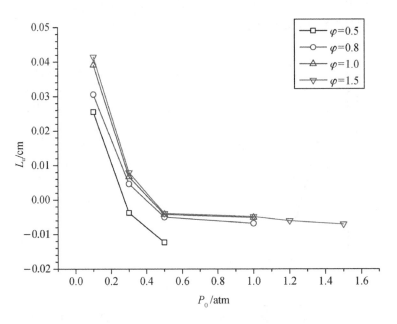

图 7.18　不同当量比时氢气/氧气混合物马克斯坦长度与初始压力的关系

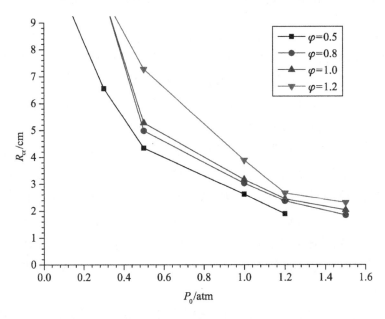

图 7.19　不同当量比时氢气/氧气混合物临界失稳半径与初始压力的关系

7.3　氨气/氧化剂混合物火焰稳定性研究

氨气的反应活性要远低于氢气,其火焰稳定性也与氢气燃料不同,本节对氨气/空气和氨气/氧气混合物的火焰稳定性及其影响机制开展研究。

7.3.1　氨气/空气混合物火焰稳定性研究

一般来说,热-质扩散不稳定性和流体力学不稳定性作用的结果是火焰表面褶皱状态的出现和增强,体积力不稳定性通常会导致火焰的上浮和变形。在氨气/空气混合物火焰传播过程中,火焰会由于浮力的影响逐渐向上飘移,火焰表面较为光滑,即使由于点火扰动出现裂纹和褶皱,也会随着火焰的传播快速消失。因此,氨气/空气混合物火焰稳定性主要由体积力不稳定性主导,为了研究体积力不稳定性对氨气/空气混合物火焰稳定性的影响,图 7.20 显示了不同当量比时的氨气/空气混合物火焰发展后期的火焰图像。从图中可以看出,在当量比为 1.0 和 1.2 时,体积力不稳定性的影响相对较弱,而在当量比为 0.8 和 1.4 时,体积力不稳定性的影响十分明显,因此越靠近可燃极限,体积力不稳定性的影响越明显。实际上可燃气体混合物在火焰传播过程中体积力不稳定性的影响一直存在,只是当火焰传播速度较大时这种影响可以忽略不计,而在可燃极限附近时,由于火焰传播速度很低,火焰传播过程都会出现类似的上浮现象[16]。

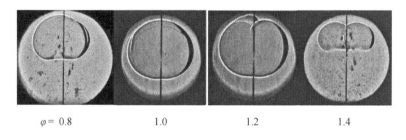

$\varphi = 0.8$　　　　1.0　　　　1.2　　　　1.4

图 7.20　氨气/空气混合物火焰形状

图 7.21 为氨气/空气混合物热-质扩散不稳定性的表征参数 Lewis 数,从图中可以看出,贫燃时,Lewis 数小于 1,热-质扩散作用不利于火焰稳定,但氨气/空气混合物的 Lewis 数较为接近 1,热-质扩散不稳定性非常有限;富燃时,Lewis 数大于 1,热-质扩散因素起稳定作用。图 7.22 为氨气/空气混合物流体力学不稳定性的表征参数火焰厚度。从图中可以看出,随着当量比从 0.8 增加到 1.1,火焰厚度从 0.926 mm 减小到最小值 0.292 mm,随着当量比的进一步增加,火焰厚度逐渐增大;随着初始压力从 0.3 atm 增加到 1.0 atm,火焰厚度从 0.725 mm 降低到 0.325 mm。在所研究的当量比范围(0.8～1.2)和初始压力范围(0.3 atm～1.0 atm)内,氨气/空气混合物的火焰厚度要远大于相同条件下的氢气/空气混合物,火焰厚度越大,曲率对火焰的稳定作用就越强,从而会抑制火焰的不稳定性。因此,氨气/空气混合物火焰表面较为光滑,即使因为外在扰动所出现的

褶皱也会很快消失。

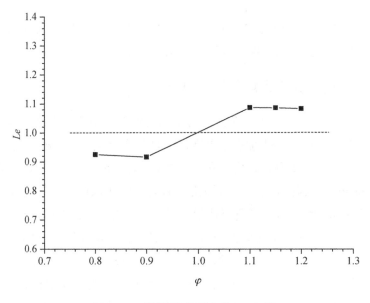

图 7.21　氨气/空气混合物 Lewis 数

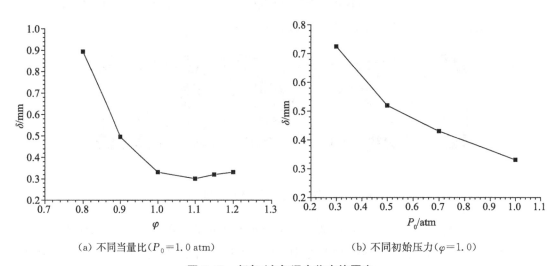

（a）不同当量比（$P_0 = 1.0$ atm）　　　　　（b）不同初始压力（$\varphi = 1.0$）

图 7.22　氨气/空气混合物火焰厚度

7.3.2　氨气/氧气混合物火焰稳定性研究

（1）当量比的影响

为了研究当量比对氨气/氧气混合物火焰稳定性的影响，图 7.23 显示了室压下氨气/氧气混合物在不同当量比时的火焰图像。从图中可以看出，当量比为 0.2 时，火焰在半径 6 cm 之前表面一直保持光滑；当量比为 0.5 和 1.0 时，火焰在 4 cm 处出现了裂纹，随后不断分裂增多，在 6 cm 处时出现大量的网格状裂纹，当量比为 0.5 时裂纹的数量更多；当当量比增大到 1.3 时,火焰在较大半径 6 cm 处才出现裂纹;当量比为 1.6 和 2.0 时,火焰表面始终保持光滑。因此,氨气/氧气混合物火焰稳定性并不随当量比的增加而单调变化,随着当量比从 0.2 增加到 0.5,火焰表面不稳定现象增强,从而火焰稳定性减弱,而当量比在 0.5～2.0 范围内时,随着当量比的增加,火焰表面不稳定现象减弱,此时火焰稳定性增强。

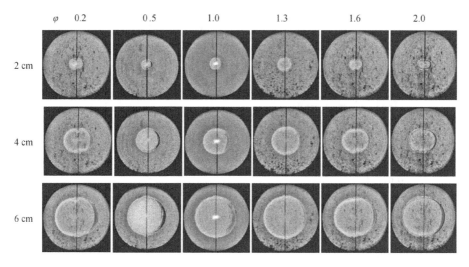

图 7.23　不同当量比下氨气/氧气混合物火焰图像($P_0 = 1.0$ atm)

　　氨气/氧气混合物火焰传播过程与氢气/空气混合物较为相似,混合气体点火后火焰均以点火源为中心向四周呈球形扩展,不稳定性现象主要表现为火焰表面裂纹结构的出现和发展,这是热-质扩散不稳定性和流体力学不稳定性作用的结果。热-质扩散不稳定性通常用 Lewis 数来表征。图 7.24 为不同初始条件下氨气/氧气混合物的 Lewis 数。从图中可以看出,贫燃时,Lewis 数小于 1,质量扩散强于热量扩散,火焰趋于失稳;富燃时,Lewis 数大于 1,热量扩散强于质量扩散,火焰不稳定性得到抑制。

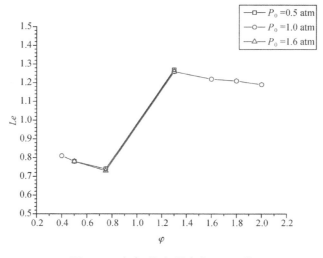

图 7.24　氨气/氧气混合物 Lewis 数

　　图 7.25 为不同初始压力条件下氨气/氧气混合物火焰厚度与当量比的关系。从图中可以看出，在常压下，氨气/氧气混合物火焰厚度在当量比为 1.0 时取得最小值，当量比从 1.0 增加到 2.0 时，火焰厚度从 0.02 mm 增加到 0.103 mm，当量比从 1.0 减少到 0.4 时，火焰厚度从 0.02 mm 增加到 0.039 mm。对于不同初始压力下的氨气/氧气混合物火焰厚度均在当量比为 1.0 时取得最小值，此时流体力学不稳定性最强，而当量比偏离 1.0 时，火焰厚度有所增加，流体力学不稳定性随之减弱。

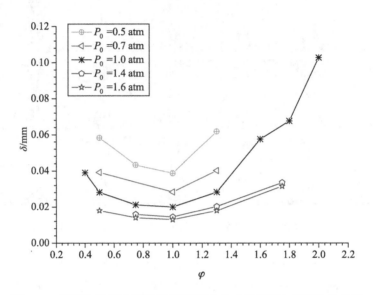

图 7.25　不同初始压力下氨气/氧气混合物火焰厚度与当量比的关系

　　图 7.26 为不同初始压力下氨气/氧气在不同当量比时的马克斯坦长度。从图中可以看出，当初始压力为 1.0 atm 时，氨气/氧气混合物马克斯坦长度随当量比的增加而增加，当当量比小于 1.3 时，马克斯坦长度为负值，这意味着火焰会因为拉伸而加速，此时火焰趋于不稳定，可以在纹影图像中观察到氨气/氧气混合物火焰表面出现了胞格状结构，并可得到临界失稳半径数据；当当量比大于 1.6 时，马克斯坦长度为正值，当火焰拉伸率增大时，火焰将减速，其不稳定性受到抑制，此时火焰较为稳定且表面较为光滑，与常压下在氨气/氧气火焰传播过程中的观察结果是一致的。同时，还研究了其他初始压力下氨气/氧气混合气体的马克斯坦长度与当量比的关系。当初始压力为 0.5 atm 时，马克斯坦长度为正值，火焰较为稳定；当初始压力为 0.7、1.4 和 1.6 atm 时，马克斯坦长度随当量比的增加而增加，在某一当量比时，马克斯坦长度由负转正，此时火焰稳定性增强。

　　如上所述，对于氨气/氧气混合物，马克斯坦长度为负值时，火焰会因为拉伸而加速，致使火焰趋于不稳定，其特征表现为火焰表面出现褶皱，并迅速增加最后发展为胞格状结构，此时存在的临界失稳半径可以用来衡量火焰整体稳定性。图 7.27 为不同初始压力下氨气/氧气混合物在不同当量比时的临界失稳半径。从图中可以看出，在常压下，当当量

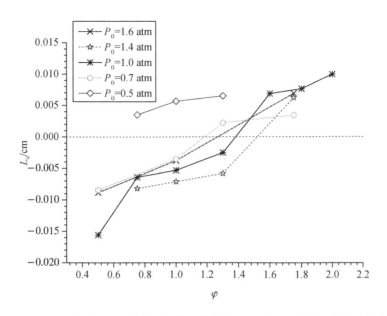

图 7.26　不同初始压力下氨气/氧气混合物在不同当量比时的马克斯坦长度

比为 0.5 时,临界失稳半径最小为 2.41 cm;当当量比偏离 0.5 时,临界失稳半径会增加。当量比从 0.2 增加到 0.5,临界失稳半径不断降低,这说明火焰整体稳定性在下降;当量比继续增加到 1.3,临界失稳半径不断增大,导致火焰整体稳定性上升;当量比继续增加到 1.6 时,火焰保持稳定,在传播过程中未观察到失稳现象。在初始压力为 0.7,1.4 和 1.6 atm 时,随着当量比从 0.5 增加到 1.75,临界失稳半径会越来越大,直到火焰稳定不再存在临界失稳半径。

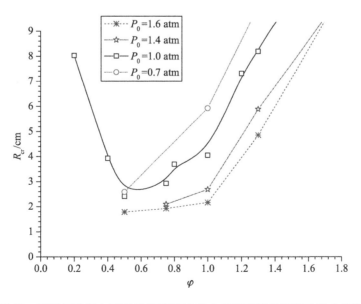

图 7.27　不同初始压力下氨气/氧气混合物在不同当量比时的临界火焰半径

（2）初始压力的影响

图 7.28 显示了理论当量比时氨气/氧气混合物在不同初始压力下的火焰图像。从图中可以看出，当初始压力为 0.5 atm 时，火焰表面始终保持光滑；当初始压力为 0.7 atm 时，火焰在半径 6 cm 处其表面仍保持光滑状态；当初始压力为 1.0 atm、1.2 atm 和 1.5 atm 时，火焰表面都出现了明显的裂纹，因此初始压力越大，火焰表面的裂纹数量也越多，火焰不稳定现象越明显。

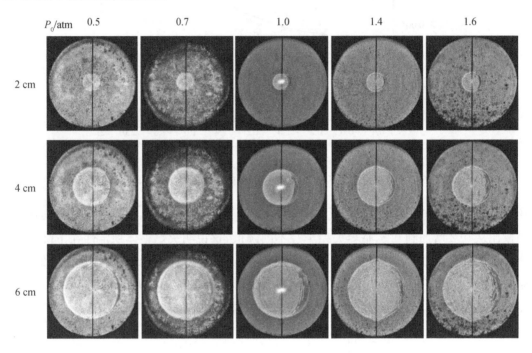

图 7.28　不同初始压力下氨气/氧气混合物火焰图像（$\varphi=1.0$）

氨气/氧气混合物火焰不稳定性主要由热-质扩散不稳定性和流体力学不稳定性共同主导，由于热-质扩散不稳定性对压力极不敏感，因此，初始压力对火焰稳定性的影响主要体现在流体力学不稳定性上。在不同当量比时的氨气/氧气混合物中，火焰厚度随初始压力的变化如图 7.29 所示。从图中可以看出，理论当量比时的氨气/氧气混合物，随着初始压力从 0.3 atm 增加到 1.6 atm，火焰厚度从 0.07 mm 单调地减小到 0.013 mm。对于所有当量比条件下的氨气/氧气混合物火焰，火焰厚度均随初始压力的增大而单调减小。因此，随着初始压力的增加，流体力学不稳定性随之增强，而火焰稳定性减弱。当初始压力为 0.5 atm 时，虽然氨气/氧气混合物当量比小于 1，且 Le 小于 1，但火焰表面仍然始终保持光滑，这是由于此时的火焰厚度较大，曲率对火焰的稳定作用也较强，从而热-质扩散不稳定性受到抑制。随着初始压力从 0.5 atm 增加到 1.6 atm，火焰厚度急剧下降，流体力学不稳定反而增强，在混合气体当量比为 1.3 时，热-质扩散起稳定作用，但因为受到流体力学不稳定性的影响，火焰表面仍出现不稳定现象。

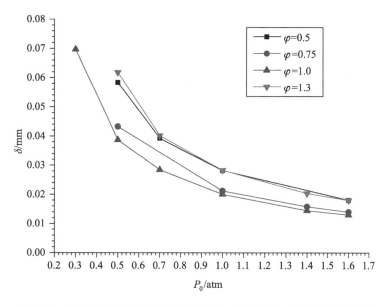

图 7.29 不同当量比下氨气/氧气混合物火焰厚度与初始压力的关系

图 7.30 所示为氨气/氧气混合物马克斯坦长度随初始压力的变化情况。在当量比为 0.5 时,马克斯坦长度为负值,火焰不稳定;对于当量比大于 0.7 的混合物,随着初始压力从 0.3 atm 增加到 1.6 atm,马克斯坦长度从正值减小到负值,火焰也从稳定火焰转变为不稳定火焰。图 7.31 所示为不同当量比下氨气/氧气混合物临界失稳半径随初始压力的变化情况,从图中可以看出,随着初始压力的增加,临界失稳半径单调减小,火焰稳定性随之减弱。总的来说,随着初始压力的增加,氨气/氧气混合物火焰稳定性逐渐减弱,火焰表面不稳定程度在增强。

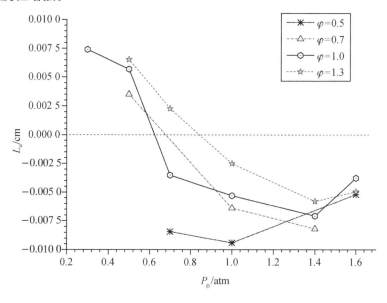

图 7.30 不同当量比下氨气/氧气混合物马克斯坦长度与初始压力的关系

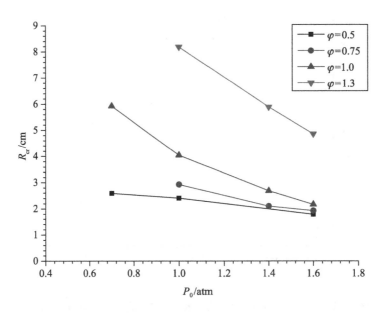

图 7.31　不同当量比下氢气/氧气混合物临界失稳半径与初始压力的关系

7.4　本章小结

　　本章对零碳氢气、氨气燃料/氧化剂混合物的火焰稳定性进行了研究,通过高速摄影、纹影系统记录不同实验条件下的火焰图像,分析了当量比、初始压力和燃料配比对混合气体火焰整体稳定性的影响,同时结合火焰稳定性表征参数对火焰内在不稳定性进行了研究。主要结论如下:

　　(1)氢气/空气混合物火焰稳定性主要由热-质扩散不稳定性和流体力学不稳定性共同主导。在贫燃条件下,热-质扩散不稳定性对火焰稳定性的影响占主导地位,随着当量比的增加,热-质扩散不稳定性减弱,火焰整体稳定性却在增强;在富燃条件下,热-质扩散过程对火焰起稳定作用,而火焰失稳是流体力学不稳定性作用的结果。在当量比 $\varphi=1.5$ 时,流体力学不稳定性达到最强;当当量比大于 1.5 时,随着当量比的增加,流体力学不稳定性逐渐减弱,同时热-质扩散稳定作用增强,火焰整体稳定性也随之增强。初始压力对热-质扩散不稳定性的影响非常小,而对流体力学不稳定性的影响较为显著,随着初始压力的增加,火焰厚度明显减小,导致流体力学不稳定性增强。对于氢气/空气混合物而言,当量比的增加或者初始压力的减小都能增强火焰的整体稳定性。

　　(2)相比氢气/空气混合物,氢气/氧气混合物更容易失稳,在室压下火焰表面很早就形成了细密的胞格状结构,只有在较低的初始压力 0.1 atm 和 0.3 atm 时,火焰才较为稳定。随着当量比的增加或者初始压力的减小,氢气/氧气混合物马克斯坦长度和临界失稳半径都呈现上升的趋势,这说明火焰整体稳定性增强了。初始压力对火焰稳定性的影响仅体现在流体力学不稳定性上,随着初始压力的增加,流体力学不稳定性显著增强,同时氢气/氧气混合物的火焰厚度很小,远低于相同条件下的氢气/空气混合物的火焰厚度,这是氢气/氧气混合物火焰在稍高的初始压力下就很快失稳,并形成胞格状结构的主要原因。

(3)氨气/空气混合物火焰在传播过程中其表面始终保持光滑,但会逐渐向上飘移,且火焰形状变得扁平,其火焰不稳定性由体积力不稳定性主导,越靠近可燃极限,火焰速度越低,体积力不稳定性的影响也就越明显。氨气/空气混合物的 Lewis 数接近于1,热-质扩散作用对不稳定性的影响有限。在室压条件下,火焰厚度在当量比 $\varphi=1.1$ 时取得最小值 0.292 mm,当当量比偏离 1.1 时,火焰厚度会增大,氨气/空气混合物的火焰厚度相比其他燃料/氧化剂混合物更大,这说明曲率对火焰的稳定作用较强,会抑制火焰的不稳定性。这是氨气/空气混合物火焰表面较为光滑,即使由于外在扰动出现褶皱也会很快消失的主要原因。

(4)氨气/氧气混合物火焰的不稳定性主要表现在火焰表面结构的变化上。当当量比小于 0.5 时,随着当量比的增加,火焰表面的裂纹结构加剧,临界失稳半径减小,说明火焰稳定性减弱;当当量比大于 0.5 时,随着当量比的增加,火焰表面光滑程度增加,临界失稳半径增大,说明火焰稳定性增强。火焰厚度在理论当量比时取得最小值,此时流体力学不稳定性最强。初始压力的增大,同样导致了火焰厚度的减小,使得流体力学不稳定性增强,从而导致火焰表面不稳定现象加剧。

第八章　氢气/氨气复合燃料混合物的火焰稳定性

较窄的可燃极限和较低的燃烧速度,会致使氨气/空气火焰很难稳定传播,也给氨燃料的应用带来了很大困难,而纯氢燃料极易发生爆炸也难以大规模普及。因此考虑将氨气与氢气进行组合来改善它们各自的燃烧性能,本章将对氢气/氨气/氧化剂混合物火焰的稳定性展开研究,主要分析燃料配比、当量比和初始压力对火焰稳定性的影响。

8.1　火焰不稳定现象

通过比较不同实验条件下的火焰传播过程,可以观察到三种不同的火焰传播现象。图 8.1 显示了氢气/氨气/空气混合物在 $x=2.0$、$P_0=1.0\,\mathrm{atm}$、$\varphi=1.5$ 条件下的火焰传播图像(x 为燃料配比,即复合燃料中氢气组分)。当位于燃烧室中心的点火电极点燃预混合气体时,会形成向各个方向扩展的球形火焰。在火焰的初始阶段,由于点火电极和点火能量对火焰的扰动,在火焰前沿形成了一些裂缝,这些裂缝的数量并没有随着火焰的膨胀而增加,甚至随着火焰的膨胀,火焰表面反而变得更加光滑。

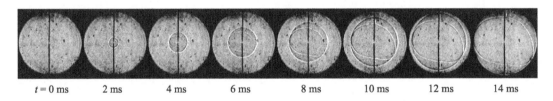

| $t=0\,\mathrm{ms}$ | 2 ms | 4 ms | 6 ms | 8 ms | 10 ms | 12 ms | 14 ms |

图 8.1　火焰纹影图像($x=2.0$, $P_0=1.0\,\mathrm{atm}$, $\varphi=1.5$)

图 8.2 显示了氢气/氨气/空气混合物在 $x=2.0$、$P_0=1.0\,\mathrm{atm}$、$\varphi=1.0$ 条件下的火焰传播图像。从图中可以看出,在火焰的初始时刻,由于点火对火焰的干扰,在火焰前沿形成了一些裂缝,这些裂缝在 6 ms 之前不会增加,但是,当火焰传播到 8 ms 时,火焰表面会出现一些新的裂缝并继续分裂。当火焰传播到 14 ms 时,这些火焰表面不断增加的裂缝交错在一起,将火焰前沿分割成许多微小的胞格状结构,并且随着火焰的进一步扩展,这些胞格状结构变得更加密集。

图 8.3 显示了氢气/氨气/空气混合物在 $x=0.33$、$P_0=1.0\,\mathrm{atm}$、$\varphi=0.5$ 条件下的火焰传播图像。从图中可以看出,在点火初期,火焰前沿有少量裂缝,且裂缝数量不会随着火焰传播时间的增加而变化。此外,在火焰传播到 6 ms 之前,火焰的浮力效应并不明显。

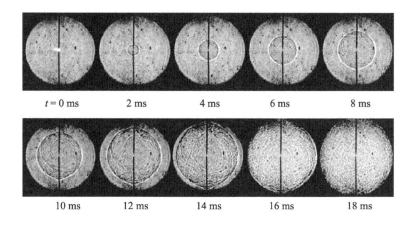

图 8.2 火焰纹影图像($x=2.0$, $P_0=1.0$ atm, $\varphi=1.0$)

当火焰传播到 10 ms 时,点火电极上部的火焰面积明显大于下部。火焰上浮的原因通常是由浮力导致的体积力不稳定效应。在出现球形火焰的情况下,燃烧的放热效应会降低燃烧区域的密度。在重力及其所引起的浮力作用下,火焰会产生向上的速度。当燃烧速度较大时,这种上升速度对火焰的影响可以忽略不计;当燃烧速度很低时,这种上升速度对火焰的影响就不容忽视了,会导致燃烧区域向上漂浮。当燃料比例较小,且当量比也较小时,氢气/氨气/空气混合物的火焰传播速度极低。在这种情况下,浮力效应逐渐显现,从而导致在火焰半径较大的位置,曲率稳定效应较弱,火焰明显上浮。

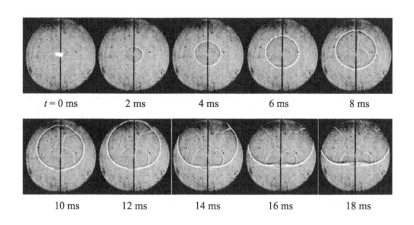

图 8.3 火焰纹影图像($x=0.33$, $P_0=1.0$ atm, $\varphi=0.5$)

综上,在氢气/氨气/空气混合物中,当燃料配比和当量比较低时,可观察到由体积力不稳定性所导致的火焰上浮现象。随着燃料比和当量比的增加,这种上浮现象逐渐消失。当燃料配比增加到 2.0 时,火焰表面出现胞格状结构,当 $\varphi=1$ 时,火焰在常压下失去稳定性,这是流体力学不稳定性和热扩散不稳定性共同作用的结果。当 φ 增大到 1.5 时,火焰表面变得光滑,此时热扩散效应有利于火焰稳定,并且抑制了流体力学不稳定性的影响,火焰保持稳定。

8.2 燃料配比的影响

图 8.4 显示了不同燃料配比下氢气/氨气/空气混合物的火焰图像,燃料配比定义为氢气与氨气的体积比,燃料配比越大,复合燃料中氢气组分比例越大。图 8.4(a)所示为在当量比 $\varphi=0.5$、初始压力 $P_0=1.0$ atm 条件下氢气/氨气/空气混合物在不同燃料配比时的火焰图像。从图中可以看出,当燃料配比为 0.5 时,火焰传播到一定半径后整体向上飘移,火焰形状发生改变;在燃料配比增加到 1.0 后,火焰呈近似球形传播,其表面很早就形成了胞格状结构;当燃料配比为 1.5 和 2.0 时,火焰表面同样出现了明显的胞格状结构。图 8.4(b)所示为在当量比 $\varphi=1.0$、初始压力 $P_0=1.0$ atm 条件下氢气/氨气/空气混合物在不同燃料配比时的火焰图像。从图中可以看出,不同燃料配比下的混合气体均以点火源为中心呈球形向外扩展。当燃料配比为 0.5 时,火焰表面较为光滑,仅观察到一些由于点火扰动产生的裂纹,这些裂纹并没有随着火焰的发展而分裂;当燃料配比为 1.0、1.5 和 2.0 时,火焰初期产生的裂纹在传播到一定距离后开始分裂增加,在半径 6 cm 处观察到了大量的裂纹,且当量比越大,裂纹数量越多。

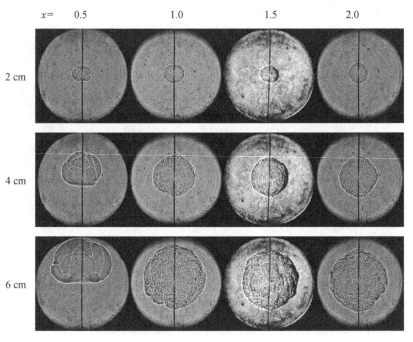

(a) $\varphi=0.5$, $P_0=1.0$ atm

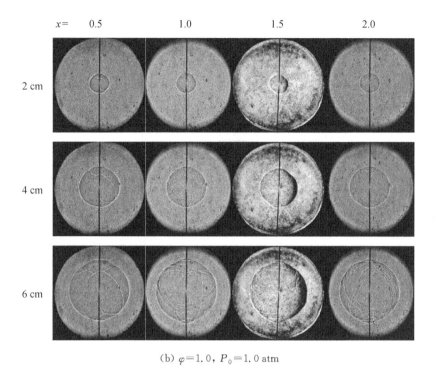

(b) $\varphi=1.0$, $P_0=1.0$ atm

图 8.4　不同燃料配比下氢气/氨气/空气混合物火焰传播图像

　　在氨气/空气中加入氢气之后,火焰传播速度得到提升,仅在燃料配比为 0.5,当量比较小时,观察到火焰上浮现象,这是体积力不稳定性作用的结果。当增加燃料配比或者提高当量比后,火焰传播速度得到进一步提升,体积力不稳定性的影响逐渐减弱。混合气体点火后,火焰均以点火源为中心呈近似球形向四周扩展,此时不稳定现象表现为火焰表面裂纹的产生和胞格状结构的形成,这是热-质扩散不稳定性和流体力学不稳定性共同作用的结果。热-质扩散不稳定可以由热扩散系数与质量扩散系数之比 Lewis 数来表征,复合燃料 Lewis 数的计算方法并不统一,本节利用前文所述的基于体积和扩散的方法来获取氢气/氨气/空气混合物的 Lewis 数,基于扩散法在贫燃时获得的 Lewis 数略微低于基于体积法得到的结果,但二者整体趋势相同。图 8.5 为不同初始压力和当量比条件下的氢气/氨气/空气混合物 Lewis 数与燃料配比的关系,从图中可以看出,初始压力对 Lewis 数的影响微乎其微。在不同的当量比条件下,随着燃料配比的增加,混合气体的 Lewis 数呈现出不同的变化趋势,贫燃时 Lewis 数随着燃料配比的增加而逐渐减小,富燃时 Lewis 数随着燃料配比的增加会逐渐增大,但燃料配比的增加并不能改变热-质扩散因素对火焰的作用状态,因此燃料配比对氢气/氨气/空气混合物热-质扩散不稳定性的影响是有限的。

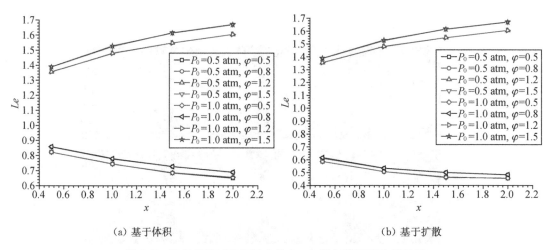

(a) 基于体积 　　　　　　　　　　(b) 基于扩散

图 8.5　氢气/氨气/空气混合物 Lewis 数与燃料配比的关系

图 8.6 为不同初始压力和当量比条件下的氢气/氨气/空气混合物火焰厚度与燃料配比的关系。从图中可以看出,对于不同初始压力和当量比条件下的氢气/氨气/空气混合物,其火焰厚度均随燃料配比的增加而单调减小。因此,燃料配比越大,也就是复合燃料中氢气组分比例越大,流体力学不稳定性就越强。

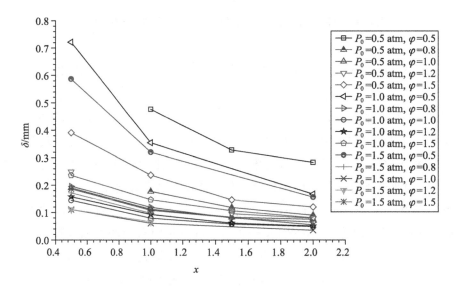

图 8.6　氢气/氨气/空气混合物火焰厚度与燃料配比的关系

火焰整体稳定性通常用马克斯坦长度来表征,图 8.7 为不同初始压力和当量比条件下氢气/氨气/空气混合物马克斯坦长度与燃料配比的关系,从图中可以看出,在不同的初始压力和当量比条件下,复合燃料/空气混合物随着燃料配比的增加,呈现出不同的变化趋势。在较大的当量比时,马克斯坦长度多为正值,随着燃料配比的增加,马克斯坦长度逐渐减小;在较小的当量比时,马克斯坦长度多为负值,随着燃料配比的增加,马克斯坦长度逐渐增大。针对所研究的燃料配比范围,燃料配比的增加并不能改变马克斯坦长度的符号。火焰在传播过程中,其表面会出现褶皱,以致加速失稳,产生临界失稳半径。临界失稳半径可以表征火焰失去稳定性的难易程度,临界失稳半径越大,火焰越不容易失稳。图 8.8 为不同初始压力和当量比条件下氢气/氨气/空气混合物临界失稳半径与燃料配比的关系,从图中可以看出,随着燃料配比的增加,临界失稳半径逐渐降低,因此燃料配比越大,也就是复合燃料中氢气组分比例越大,火焰越容易失稳,其稳定性越弱。

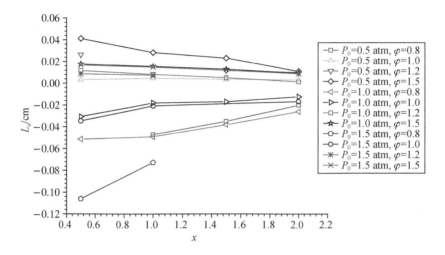

图 8.7　氢气/氨气/空气混合物马克斯坦长度与燃料配比的关系

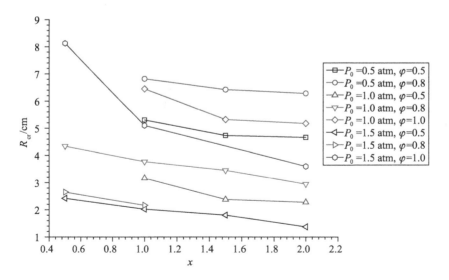

图 8.8　氢气/氨气/空气混合物临界失稳半径与燃料配比的关系

129

8.3 当量比的影响

图 8.9 显示了初始压力 $P_0 = 1.0$ atm,燃料配比 $x = 1.0$ 条件下,氢气/氨气/空气混合物在不同当量比时的火焰图像。从图中可以看出,对于当量比为 0.5 的复合燃料/空气混合物,火焰在半径 4 cm 处表面就已经布满了胞格状结构,在 6 cm 处胞格状结构变得更细更密;当当量比增加到 0.8 时,火焰在 6 cm 处形成较为明显的胞格状结构;在理论当量比时,火焰仅观察到明显的裂纹,尚未形成胞格状结构;在当量比为 1.2 和 1.5 时,火焰表面始终保持光滑。显然,对于氢气/氨气/空气混合物,当量比越大,火焰表面光滑程度越高。

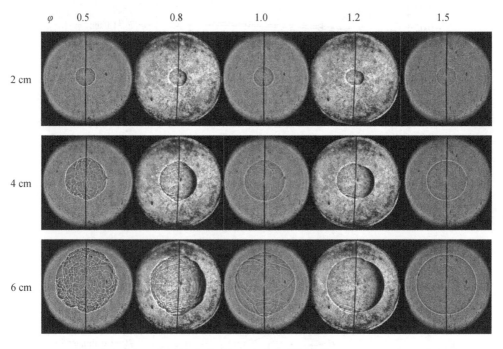

图 8.9 不同当量比下氢气/氨气/空气混合物火焰图像($P_0 = 1.0$ atm, $x = 1.0$)

图 8.10 为氢气/氨气/空气混合物 Lewis 数与当量比的关系。从图中可以看出,当量比对混合气体 Lewis 数具有显著的影响,不同燃料配比和初始压力条件下,氢气/氨气/空气混合物 Lewis 数均随着当量比的增加而逐渐增大。贫燃时的氢气/氨气/空气混合物 Lewis 数小于 1,质量扩散强于热量扩散,火焰趋于失稳;富燃时 Lewis 数大于 1,质量扩散弱于热量扩散,火焰趋于稳定。因此热-质扩散不稳定性对氢气/氨气/空气火焰不稳定性的影响仅体现在贫燃情况下,富燃时热-质扩散作用有利于火焰稳定。

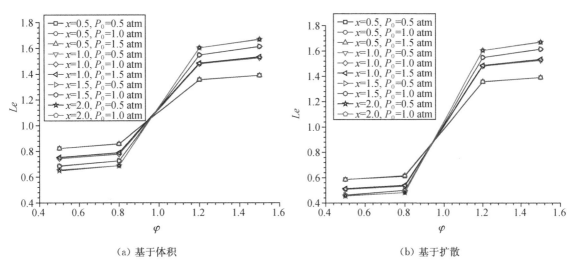

（a）基于体积　　　　　　　　　　　　　（b）基于扩散

图 8.10　氢气/氨气/空气混合物 Lewis 数与当量比的关系

图 8.11 为氢气/氨气/空气混合物在不同初始条件下的火焰厚度与当量比之间的关系。从图中可以看出，随着当量比的增加，火焰厚度先快速降低后逐渐增大，在理论当量比时取得最小值，此时流体力学不稳定性最强。在当量比较低时，火焰厚度较大，这有利于火焰的稳定，此时在火焰前沿观察到的胞格状结构主要是由于热扩散不稳定性造成的。

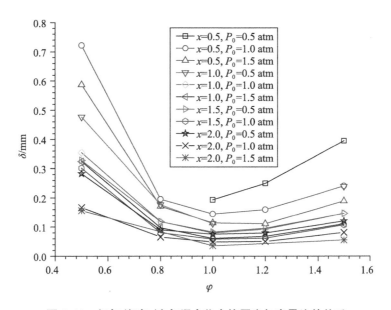

图 8.11　氢气/氨气/空气混合物火焰厚度与当量比的关系

图 8.12 所示为不同初始条件下氢气/氨气/空气混合物的马克斯坦长度与当量比的关系。从图中可以看出，随着当量比的增加，复合燃料/空气混合物马克斯坦长度也逐渐

增加。贫燃时,混合物马克斯坦长度为负值,火焰趋于失稳;富燃时,马克斯坦长度多为正值,火焰较为稳定。

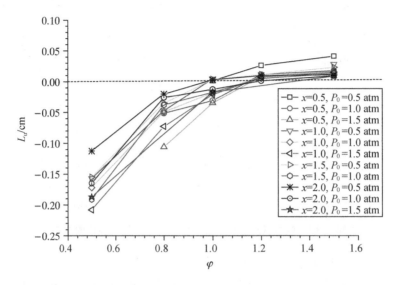

图 8.12　氢气/氨气/空气混合物的马克斯坦长度与当量比的关系

图 8.13 为不同燃料配比和初始压力条件下的氢气/氨气/空气混合物临界失稳半径与当量比的关系。从图中可以看出,临界失稳半径随当量比的增加也会快速增大,当量比增加到某一临界值时,火焰保持稳定,不再存在临界失稳半径。因此,当量比对氢气/氨气/空气混合物火焰稳定性的影响较为显著,当量比越大,火焰越不容易失去稳定,火焰整体稳定性越强。

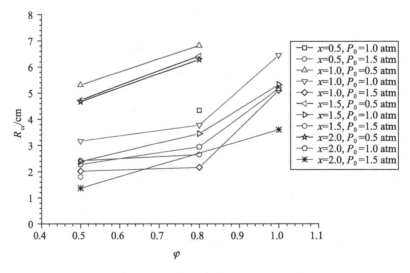

图 8.13　氢气/氨气/空气混合物的临界失稳半径与当量比的关系

　　通过以上研究可以发现,氢气/氨气/空气混合物火焰的整体稳定性随着当量比的减小而逐渐减弱,但在贫燃情况下,流体力学不稳定性随当量比的减小而减弱,当量比越小,流体力学因素越有利于火焰稳定。因此,贫燃时复合燃料/空气混合物火焰不稳定性主要由热-质扩散不稳定性主导;富燃时,热-质扩散作用有利于火焰稳定,随着当量比的增加,热-质扩散稳定作用不断增强,同时流体力学不稳定性减弱,这使得火焰整体稳定性增强。

8.4　初始压力的影响

　　图 8.14 显示了燃料配比 $x=1.0$、当量比 $\varphi=1.0$ 条件下,氢气/氨气/空气混合物在不同初始压力时的火焰图像。从图中可以看出,在初始压力为 0.5 atm 时,火焰表面较为光滑,这是因为电极点火产生的裂纹在火焰发展过程中并未分裂;当初始压力增加到 1.0 atm 时,火焰初期产生的裂纹随着火焰的发展继续分裂,在半径 6 cm 处火焰表面出现大量裂纹;随着初始压力进一步增加到 1.5 atm 时,火焰表面在较小的半径 4 cm 处就出现了明显的裂纹,随着火焰的发展,裂纹快速分裂,在半径 6 cm 处已经可以观察到细小的胞格状结构。

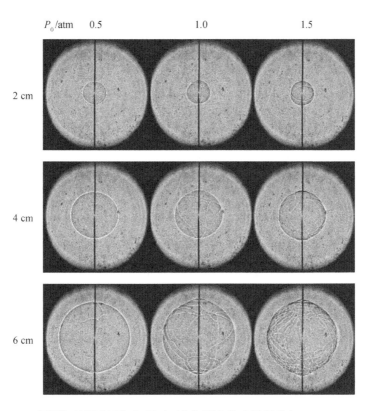

图 8.14　不同初始压力下氢气/氨气/空气混合物火焰图像($x=1.0$, $\varphi=1.0$)

如上所述,初始压力对火焰稳定性的影响主要体现在火焰表面结构的变化上,初始压力越大,火焰表面越容易产生裂纹,且裂纹数量越多。火焰表面裂纹的出现是热-质扩散不稳定性和流体力学不稳定性共同作用的结果,但热-质扩散不稳定性并不会随初始压力的增加而改变,因此初始压力对氢气/氨气/空气混合物火焰稳定性的影响主要体现在流体力学不稳定性上。图8.15为流体力学不稳定性表征参数火焰厚度与初始压力的关系。从图中可以看出,随着初始压力的增加,不同燃料配比和当量比条件下的混合气体火焰厚度均呈现下降的趋势,说明曲率的稳定作用减弱了,同时火焰前锋斜压扭矩增大,致使流体力学不稳定性增强。因此,对于氢气/氨气/空气混合物,初始压力越大,火焰厚度越小,流体力学不稳定性越强。

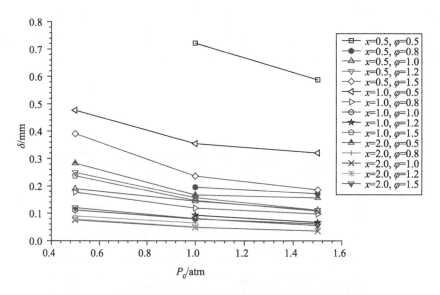

图8.15 氢气/氨气/空气混合物火焰厚度与初始压力的关系

为了研究初始压力对氢气/氨气/空气混合物不稳定性综合效应的影响,图8.16为混合气体在不同初始压力下的火焰整体稳定性表征参数马克斯坦长度。从图中可以看出,不同燃料配比和当量比条件下的氢气/氨气/空气混合物马克斯坦长度均随着初始压力的增大而逐渐减小。图8.17为不同当量比和燃料配比下氢气/氨气/空气混合物临界失稳半径与初始压力的关系,从图中可以看出,临界失稳半径随初始压力的增加而快速下降,这说明初始压力越大,火焰越容易失稳,其稳定性越差。

根据上述研究发现,对于氢气/氨气/空气混合物,在不同的燃料配比和当量比条件下,随着初始压力的增加,火焰厚度逐渐减小,流体力学不稳定性增强,从而导致火焰的整体稳定性减弱,火焰表面的不稳定现象更明显,其结果与氢气/空气混合物较为相似。

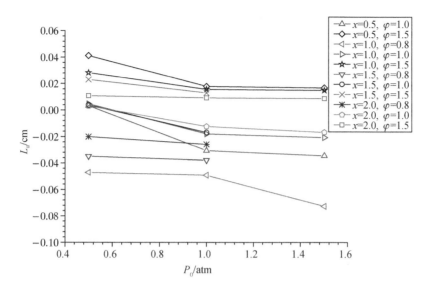

图 8.16　氢气/氨气/空气混合物马克斯坦长度与初始压力的关系

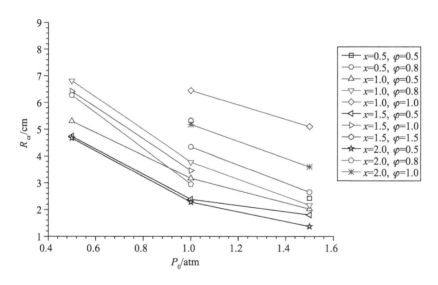

图 8.17　氢气/氨气/空气混合物临界失稳半径与初始压力的关系

8.5　本章小结

在燃料配比较低且当量比很低时,由于体积力不稳定性的影响,氢气/氨气/空气混合物火焰在传播过程中会逐渐向上飘浮。提高燃料配比或当量比后,体积力不稳定性的影响会减弱,火焰以点火源为中心呈球形向外扩展,此时火焰不稳定性由热-质扩散不稳定性和流体力学不稳定性共同主导。贫燃时,在热-质扩散不稳定性的影响下,火焰在扩展过程中,表面会产生裂纹并不断分裂,导致火焰趋于失稳,而当量比越小,火焰表面裂纹结构越明显,火焰稳定性就越弱;富燃时,热-质扩散因素起稳定作用,火焰表面较为光滑,随着当量比的增大,热-质扩散稳定作用增强,同时流体力学不稳定性减弱,从而火焰整体稳定性增强。初始压力和燃料配比的增大,都会减小火焰厚度,导致流体力学不稳定性增强,使得火焰整体稳定性减弱,火焰锋面的不稳定现象加剧。

氢气和氨气都是极具潜力的清洁燃料,将高反应活性的氢气和低反应活性的氨气混合后,可以有效地改善二者的燃烧性能。氢气的加入可以提高氨气/空气混合物的燃烧速度,同时可以显著地扩宽混合物的可燃极限,使混合气体能够在较大的当量比范围内稳定燃烧。而氨气的加入可以降低混合气体反应的剧烈程度,防止爆炸事故的发生和内燃机中爆震现象的出现。因此,合理配置氢气和氨气的比例,扬长避短,发挥优势,有利于形成安全易控的复合燃料体系,同时氢气/氨气复合燃料也有希望成为最具潜力的清洁可替代能源。

参 考 文 献

［1］习近平. 在沙特吉达举行的国际能源会议上的重要讲话［N］. 人民日报，2008-06-23(003).

［2］洪虹，章斯淇. 氢能源产业链现状研究与前景分析［J］. 氯碱工业，2019，55(9)：1-9.

［3］Astbury G R. A review of the properties and hazards of some alternative fuels［J］. Process Safety and Environmental Protection，2008，86(6)：397-414.

［4］Bychkov V，Akkerman V y，Fru G，et al. Flame acceleration in the early stages of burning in tubes ［J］. Combustion and Flame，2007，150(4)：263-276.

［5］Ciccarelli G，Dorofeev S. Flame acceleration and transition to detonation in ducts［J］. Progress in Energy and Combustion Science，2007，34(4)：499-550.

［6］Dorofeev S B. Hydrogen flames in tubes：Critical run-up distances［J］. International Journal of Hydrogen Energy，2009，34(14)：5832-5837.

［7］Liberman M A，Ivanov M F，Kiverin A D，et al. Deflagration-to-detonation transition in highly reactive combustible mixtures［J］. Acta Astronautica，2010，67(7)：688-701.

［8］阎小俊. 预混层流火焰的计算模型和实验研究［D］. 西安：西安交通大学，1999.

［9］马熹群. 汽油掺氢层流预混火焰燃烧特性研究［D］. 北京：北京理工大学，2016.

［10］Metghalchi M，Keck J C. Laminar burning velocity of propane-air mixtures at high temperature and pressure［J］. Combustion and Flame，1980，38：143-154.

［11］孙俊，李格升. 预混燃烧气体层流燃烧速度和马克斯坦长度的测定方法［J］. 武汉理工大学学报（交通科学与工程版），2010，34(3)：565-568.

［12］Gillespie L. Aspects of laminar and turbulent burning velocity relevant to SI engines［J］. Sae Technical Papers，2000，109(3)：13-33.

［13］Law C K. Combustion physics［M］. New York：Cambridge University Press，2006.

［14］Huzayyin A S，Moneib H A，Shehatta M S，et al. Laminar burning velocity and explosion index of LPG-air and propane-air mixtures［J］. Fuel，2008，87：39-57.

［15］Jomaas G，Zheng X L，Zhu D L，et al. Experimental determination of counterflow ignition temperatures and laminar flame speeds of C2 - C3 hydrocarbons at atmospheric and elevated pressures［J］. Proceedings of the Combustion Institute，2005，30：193-200.

［16］张云明. 可燃气体火焰传播与爆轰直接起爆特性研究［D］. 北京：北京理工大学，2015.

［17］Sarli A D，Benedetto A D. Laminar burning velocity of hydrogen-methane/air premixed flames［J］. International Journal of Hydrogen Energy，2007，32(5)：637-646.

［18］Milton B E，Keck J C. Laminar burning velocities in stoichiometric hydrogen and hydrogen-hydrocarbon gas mixtures［J］. Combustion and Flame，1984，58(1)：13-22.

[19] Huang Z H，Zhang Y，Zeng K，et al. Measurements of laminar burning velocities for natural gas-hydrogen-air mixtures[J]. Combustion and Flame，2006，146：302-311.

[20] Cheng T S，Chang Y C，Chao Y C，et al. An experimental and numerical study on characteristics of laminar premixed H_2/CO/CH_4/air flames[J]. International Journal of Hydrogen Energy，2011，36（20）：13207-13217.

[21] Peters N，Rogg B. Reduced kinetic mechanisms for applications in combustion systems[M]. Springer Science & Business Media，2008.

[22] 王启，严荣松，渠艳红. 二甲醚火焰传播速度的试验研究[J]. 煤气与热力，2007(3)：43-45.

[23] 傅维镳，张永廉，王清安. 燃烧学[M]. 北京：高等教育出版社，1989.

[24] 岑可法，姚强，骆仲泱，等. 高等燃烧学[M]. 杭州：浙江大学出版社，2002.

[25] Bosschaart K J，de Goey L P H，Burgers J M. The laminar burning velocity of flames propagating in mixtures of hydrocarbons and air measured with the heat flux method[J]. Combustion and Flame，2004，136(3)：261-269.

[26] Bosschaart K J，de Goey L P H. Detailed analysis of the heat flux method for measuring burning velocities[J]. Combustion and Flame，2003，132(1-2)：170-180.

[27] Levy A，Weinberg F J. Optical Flame Structure Studies：Some Conclusions Concering the Propagation of Flat Flames[J]. Symposum (International) on Combustion，1958，7(2)：296-303.

[28] Kolbe M. laminar burning velocity measurements of stabilized aluminium dust flames[D]. Montreal：Concordia University，2001.

[29] Yu G，Law C K，Wu C K. Laminar flame speeds of hydrocarbon-air mixtures with hydrogen addition[J]. Combustion and Flame，1986，63(3)：339-347.

[30] Yamaoka I，Tsuji H. Extinction of near-stoichiometric flames diluted with nitrogen in a stagnation flow[J]. Symposium on Combustion，1989，22(1)：1565-1572.

[31] Khodes D B，Keck J C. Laminar burning speed measurements of indolence-air-diluentmixtures at high pressures and temperature[J]. SAE Transactions，1985，94：23-35.

[32] Sun C J，Sung C J，He L，Law C K. Dynamics of weakly stretched flames：Quantitative description and extraction of global flame parameters[J]. Combustion and Flame，1999，118(1-2)：108-128.

[33] Liu Q，Zhang Y，Niu F，et al. Study on the flame propagation and gas explosion in propane/air mixtures[J]. Fuel，2015，140：677-684.

[34] 暴秀超，张诗波. 预混层流燃烧的试验方法综述[J]. 西华大学学报：自然科学版，2012，31(5)：34-36.

[35] Manton J，Von E G，Lewis B. Burning-velocity measurements in a spherical vessel with central ignition[J]. Symposium(International) on Combustion，1953，4(1)：358-363.

[36] Burke M P，Chen Z，Ju Y G，et al. Effect of cylindrical confinement on the determination of laminar flame speeds using outwardly propagating flames[J]. Combustion and Flame，2009，156：771-779.

[37] Bunsen R. On the temperature of flames of carbon monoxide and hydrogen[J]. Phys. Chem Lett，

1867，131：161-179.

[38] Law C K，Sung C J，Wang H，et al. Development of comprehensive detailed and reduced reaction mechanisms for combustion modeling[J]. AIAA Journal，2003，41：1629-1646.

[39] Andrews G E，Bradley D. Determination of burning velocities：A critical review[J]. Combustion and Flame，1972，18(1)：133-153.

[40] Matalon M. On flame stretch[J]. Combustion Science and Technology，1983，31：169-181.

[41] Wu C K，Law C K. On the determination of laminar flame speeds from stretched flames[J]. Symposium (International) on Combustion Elserier，1985，20(1)：1941-1949.

[42] Law C K，Sung C J. Structure，aerodynamics，and geometry of premixed flamelets[J]. Progress in Energy and Combustion Science，2000，26：459-505.

[43] Karlovitz B，Denniston D W，Knapschaefer D H，et al. Studies on turbulent flames：A. flame propagation across velocity gradients B. turbulence measurement in flames[J]. Symposium (International) on Combustion，1953，4：613-620.

[44] Matalon M，Matkowsky B J. Flames as gasdynamic discontinuities[J]. Journal of Fluid Mechanics，1982，124：239-259.

[45] Zhu D L，Egolfopoulos F N，Law C K. Experimental and numerical determination of laminar flame speed of methane/(Ar，N_2，CO_2)-air mixtures as function of stoichiometry，pressure，and flame temperature[J]. Twenty-second Symposium (International) on Combustion，1988，22(1)：1537-1545.

[46] Dowdy D R，Smith D B，Taylor S C，et al. The use of expanding spherical flames to determine burning velocities and stretch effects in hydrogen/air mixtures[J]. Symposium on Combustion，1991，23(1)：325-332.

[47] Rozenchan G，Zhu D L，Law C K，et al. Outward propagation，burning velocities，and chemical effects of methane flames up to 60 atm[J]. Proceedings of the Combustion Institute，2002，29：1461-1469.

[48] Kuznetsov M，Kobelt S，Grune J，et al. Flammability limits and laminar flame speed of hydrogen-air mixtures at sub-atmospheric pressures[J]. International Journal of Hydrogen Energy，2012，37(22)：17580-17588.

[49] Okafor E C，Naito Y J，Colson S，et al. Experimental and numerical study of the laminar burning velocity of CH_4-NH_3-air premixed flames[J]. Combustion and Flame，2018，187：185-198.

[50] Kelley A P，Law C K. Nonlinear effects in the experimental determination of laminar flame properties from stretched flames[C]//Fall Technical Meeting of the Eastern States Section of the Combustion Institute 2007：Chemical and Physical Processes in Combustion. Combustion Institute，2007：296-304.

[51] Davis S G，Law C K. Determination of and fuel structure effects on laminar flame speeds of C1 to C8 hydrocarbons[J]. Combustion Science and Technology，1998，140：427-449.

[52] Miao H Y，Liu Y. Measuring the laminar burning velocity and Markstein length of premixed

methane/nitrogen/air mixtures with the consideration of nonlinear stretch effects[J]. Fuel, 2014, 121: 208-215.

[53] Kelley A P, Law C K. Nonlinear effects in the extraction of laminar flame speeds from expanding spherical flames[J]. Combustion and Flame, 2009, 156(9): 1844-1851.

[54] Ronney P D, Sivashinsky G I. A theoretical study of propagation and extinction of nonsteady spherical flame fronts[J]. SIAM Journal on Applied Mathematics, 1989, 49(4): 1029-1046.

[55] Wu F J, Liang W, Chen Z, et al. Uncertainty in stretch extrapolation of laminar flame speed from expanding spherical flames[J]. Proceedings of the Combustion Institute, 2015, 35(1): 663-670.

[56] Zheng C. On the accuracy of laminar flame speeds measured from outwardly propagating spherical flames: methane/air at normal temperature and pressure[J]. Combustion and Flame, 2015, 162 (6): 2442-2453.

[57] Zheng C, Burke M P, Ju Y. Effects of Lewis number and ignition energy on the determination of laminar flame speed using propagating spherical flames[J]. Proceedings of the Combustion Institute, 2009, 32(1): 1253-1260.

[58] Halter F, Tahtouh T, Mounaïm-Rousselle C. Nonlinear effects of stretch on the flame front propagation[J]. Combustion and Flame, 2010, 157(10): 1825-1832.

[59] Bradley D, Hicks R A, Lawes M, et al. The measurement of laminar burning velocities and Markstein numbers for iso-octane/air and iso-octane/n-heptane/air mixtures at elevated temperatures and pressures in an explosion bomb[J]. Combustion and Flame, 1998, 115(1-2): 126-144.

[60] Tang C L, Huang Z H, Wang J H, et al. Effects of hydrogen addition on cellular instabilitiesof the spherically expanding propane flames[J]. International Journal of Hydrogen Energy, 2009, 34(5): 2483-2487.

[61] Zhang Z Y, Huang Z H, Wang X G, et al. Measurements of laminar burning velocities and Markstein lengths for methanol-air-nitrogen mixtures at elevated pressures and temperatures[J]. Combustion and Flame, 2008, 155(3): 358-368.

[62] Hu E J, Huang Z H, He J J, et al. Measurements of laminar burning velocities and onset of cellular instabilities of methane-hydrogen-air flames at elevated pressures and temperatures[J]. International Journal of Hydrogen Energy, 2009, 34(13): 5574-5584.

[63] Tang C L, He J J, Huang Z H, et al. Measurements of laminar burning velocities and Markstein lengths of propane-hydrogen-air mixtures at elevated pressures and temperatures[J]. International Journal of Hydrogen Energy, 2008, 33(23): 7274-7285.

[64] Miao H Y, Jiao Q, Huang Z H, et al. Effect of initial pressure on laminar combustion characteristics of hydrogen enriched natural gas[J]. International Journal of Hydrogen Energy, 2008, 33(14): 3876-3885.

[65] Miao H Y, Ji M, Jiao Q, et al. Laminar burning velocity and Markstein length of nitrogen diluted natural gas/hydrogen/air mixtures at normal, reduced and elevated pressures[J]. International

Journal of Hydrogen Energy，2009，34(7)：3145-3155.

［66］ Di Y G，Huang Z H，Zhang N，et al. Measurement of Laminar Burning Velocities and Markstein Lengths for Diethyl Ether-Air Mixtures at Different Initial Pressure and Temperature［J］. Energy & Fuels，2009，23(3)：2490-2497.

［67］ 孙作宇，刘福水，暴秀超. 球形氢气层流预混火焰传播特性研究［J］. 工程热物理学报，2013，34(12)：2413-2417.

［68］ Sun Z Y，Li G X. Propagation characteristics of laminar spherical flames within homogeneous hydrogen-air mixtures［J］. Energy，2016，116：116-127.

［69］ 李洪萌. 合成气预混层流燃烧特性的研究［D］. 北京：北京交通大学，2016.

［70］ 巩静，金春，姜雪等. 高辛烷值燃料-空气预混层流燃烧特性研究［J］. 西安交通大学学报，2009，43(5)：26-30.

［71］ 麻剑. 乙醇-空气预混层流燃烧特性试验与仿真研究［D］. 杭州：浙江大学，2015.

［72］ 廖世勇，井明科，程前，等. 乙醇-空气预混层流火焰特性的试验研究［J］. 内燃机学报，2007，25(5)：469-474.

［73］ 吕晓辉. 乙醇掺氢燃料预混层流燃烧特性的研究［D］. 武汉：武汉理工大学，2011.

［74］ Beeckmann J，Cai L，Pitsch H. Experimental investigation of the laminar burning velocities of methanol, ethanol, n-propanol, and n-butanol at high pressure［J］. Fuel，2014，117：340-350.

［75］ Ilbas M，Crayford A P，Yılmaz I，et al. Laminar burning velocities of hydrogen-air and hydrogen-methane-air mixtures：An experimental study［J］. International Journal of Hydrogen Energy，2006，31(12)：1768-1779.

［76］ Aung K T，Hassan M I，Faeth G M. Effects of pressure and nitrogen dilution on flame/stretch interactions of laminar premixed $H_2/O_2/N_2$ flames［J］. Combustion and Flame，1998，112(1-2)：1-15.

［77］ Tse S D，Zhu D L，Law C K. Morphology and burning rates of expanding spherical flames in H_2/O_2/inert mixtures up to 60 atmospheres［J］. Proceedings of the Combustion Institute，2000，28(2)：1793-1800.

［78］ Kwon O C，Faeth G M. Flame/stretch interactions of premixed hydrogen-fueled flames：measurements and predictions［J］. Combustion and Flame，2001，124(4)：590-610.

［79］ Hu E J，Huang Z H，He J J，et al. Experimental and numerical study on laminar burning velocities and flame instabilities of hydrogen-air mixtures at elevated pressures and temperatures［J］. International Journal of Hydrogen Energy，2009，34(20)：8741-8755.

［80］ Hassan M I，Aung K T，Faeth G M. Measured and predicted properties of laminar premixed methane/air flames at various pressures［J］. Combustion and Flame，1998，115(4)：539-550.

［81］ Pareja J，Burbano H J，Amell A，et al. Laminar burning velocities and flame stabilityanalysis of hydrogen/air premixed flames at low pressure［J］. International Journal of Hydrogen Energy，2011，36(10)：6317-6324.

［82］ Broustail G，Seers P，Halter F，et al. Experimental determination of laminar burning velocity for butanol and ethanol iso-octane blends[J]. Fuel, 2011, 90(1): 1-6.

[83] Kelley A P, Smallbone A J, Zhu D L, et al. Laminar flame speeds of C5 to C8 n-alkanes at elevated pressures: Experimental determination, fuel similarity, and stretch sensitivity[J]. Proceedings of the Combustion Institute, 2011, 33(1): 963-970.

[84] Dayma G, Halter F, Dagaut P. New insights into the peculiar behavior of laminar burning velocities of hydrogen-air flames according to pressure and equivalence ratio[J]. Combustion and Flame, 2014, 161(9): 2235-2241.

[85] Zamfirescu C, Dincer I. Ammonia as a Green Fuel for Transportation[C]//ASME 2008 2nd International Conference on Energy Sustainability: ASMEDC, 2008(1): 507-515.

[86] Metkemeijer R, Achard P. Ammonia as a feedstock for a hydrogen fuel cell: reformer and fuel cell behaviour[J]. Journal of Power Sources, 1994, 49(1-3): 271-282.

[87] Christensen C H, Johannessen T, Sørensen R Z, et al. Towards an ammonia-mediated hydrogen economy[J]. Catalysis Today, 2006, 111(1-2): 140-144.

[88] Thomas G, Parks G. Potential Roles of Ammonia in a Hydrogen Economy[J]. U. S. Department of Energy, 2006: 1-23.

[89] Feibelman P J, Stumpf R. Comments on potential roles of ammonia in a hydrogen economy: a study of issues related to the use of ammonia for on-board vehicular hydrogen storage[J]. Sandia Natl. Lab, 2006.

[90] Lee J H, Kim J H, Park J H, et al. Studies on properties of laminar premixed hydrogen-added ammonia/air flames for hydrogen production[J]. International Journal of Hydrogen Energy, 2010, 35(3): 1054-1064.

[91] Lee J H, Lee S I, Kwon O C. Effects of ammonia substitution on hydrogen air flame propagation and emissions[J]. International Journal of Hydrogen Energy, 2010, 35:11332-11341.

[92] Miller J A, Smooke M D, Green R M, et al. Kinetic modeling of the oxidation of ammonia in flames[J]. Combustion Science and Technology, 1983, 34(1-6): 149-176.

[93] Lindstedt R P, Lockwood F C, Selim M A. Detailed kinetic modelling of chemistry and temperature effects on ammonia oxidation [J]. Combustion Science and Technology, 1994, 99 (4/5/6): 253-276.

[94] Tian Z, Li Y, Zhang L, et al. An experimental and kinetic modeling study of premixed $NH_3/CH_4/O_2/Ar$ flames at low pressure[J]. Combustion and Flame, 2009, 156(7): 1413-1426.

[95] Hayakawa A, Goto T, Mimoto R, et al. Laminar burning velocity and Markstein length of ammonia/air premixed flames at various pressures[J]. Fuel, 2015, 159: 98-106.

[96] Ichikawa A, Hayakawa A, Kitagawa Y, et al. Laminar burning velocity and Marksteinlength of ammonia/hydrogen/air premixed flames at elevated pressures [J]. International Journal of Hydrogen Energy, 2015, 40(30): 9570-9578.

[97] 陈先锋. 丙烷-空气预混火焰微观结构及加速传播过程中的动力学研究[D]. 合肥:中国科学技术大学,2007.

[98] Williams F A. Combustion Theory[M]. Addison-Wesley, Redwood city: CRC Press,2018.

[99] Kadowaki S. The body-force effect on the cell formation of premixed flames[J]. Combustion and Flame, 2001, 124 (3): 409-421.

[100] Darrieus G. Propagation d'un Front de Flamme, unpublished work presented at La Technique Modern[C]//Congress de Mecanique Applique, Paris. 1938.

[101] Landau L D. On the theory o f slow combustion[J]. Acta Physicochimica, URSS, 1944, 19: 77-88.

[102] Jomaas G, Law C K, Bechtold J K. On transition to cellularity in expanding spherical flames[J]. Journal of Fluid Mechanics, 2007, 583: 1-2.

[103] Law C K, Kwon O C. Effects of hydrocarbon substitution on atmospheric hydrogen/air flame propagation[J]. International Journal of Hydrogen Energy, 2004, 29(8): 867-887.

[104] Gu X J, Haq M Z, Lawes M, et al. Laminar burning velocity and Markstein lengthsof methane-air mixtures[J]. Combustion and Flame, 2000, 121(1/2): 41-58.

[105] Markstein B J. Nonsteady flame propagation[M]. Oxford: Pergamon, 1964.

[106] Manton J, Von E G, Lewis B. Nonisotropic Propagation of Combustion Waves in Explosive Gas Mixtures and the Development of Cellular Flames[J]. Journal of Chemical Physics, 1952, 20(1): 153.

[107] Lewis B, Von E G. Combustion, flames, and explosions of gases[M]. Orlando: Academic Press, 1987.

[108] Zel'Dovich Y B. An effect which stabilizes the curved front of a laminar flame[J]. Journal of Applied Mechanics & Technical Physics, 1966, 7(1):68-69.

[109] Sivashinsky G I. Diffusional-Thermal Theory of Cellular Flames[J]. Combustion Science and Technology, 1977, 15(3/4): 137-145.

[110] Joulin G, Clavin P. Linear stability analysis of nonadiabatic flames: Diffusional-thermal model[J]. Elsevier, 1979, 35: 139-153.

[111] Sivashinsky G I. Nonlinear analysis of hydrodynamic instability in laminar flames-I. Derivation of basic equations[J]. Pergamon, 1977, 4: 1177-1206.

[112] Gutman S, Sivashinsky G I. The cellular nature of hydrodynamic flame instability[J]. Physica D, 1990, 43: 129-139.

[113] Mukaiyama K, Shibayama S, Kuwana K. Fractal structures of hydrodynamically unstable and diffusive-thermally unstable flames[J]. Combustion and Flame, 2013, 160: 2471-2475.

[114] Bechtold J K, Matalon M. Hydrodynamic and diffusion effects on the stability of spherically expanding flames[J]. Combustion and Flame, 1987, 67: 77-90.

[115] Bradley D. Instabilities and flame speeds in large-scale premixed gaseous explosions[J]. Philos Trans R Soc Lond A, 1999, 357: 3567-3581.

[116] Bradley D, Harper C M. The development of instabilities in laminar explosion flames [J]. Combustion and Flame, 1994, 99: 562-572.

［117］Bradley D，Sheppart C G W，Woolley R，et al．The development and structure of flame instabilities and cellularity at low Markstein numbers in explosions［J］．Combustion and Flame，2000，122：195-209．

［118］Bouvet N，Halter F，Chauveau C，et al．On the effective Lewis number formulations for lean hydrogen/hydrocarbon/air mixtures［J］．International Journal of Hydrogen Energy，2013，38(14)：5949-5960．

［119］Fursenko R，Mokrin S，Minaev S，et al．Diffusive-thermal instability of stretched low-Lewis-number flames of slot-jet counterflow burners［J］．Proceedings of the Combustion Institute，2017，36(1)：1613-1620．

［120］Fursenko R，Minaev S，Nakamura H，et al．Near-lean limit combustion regimes of low-Lewis-number stretched premixed flames［J］．Combustion and Flame，2015，162(5)：1712-1718．

［121］Kim W，Imamura T，Mogi T，et al．Experimental investigation on the onset of cellular instabilities and acceleration of expanding spherical flames［J］．International Journal of Hydrogen Energy，2017，42(21)：14821-14828．

［122］Wang G，Li Y，Li L，et al．Experimental and theoretical investigation on cellular instability of methanol/air flames［J］．Fuel，2018，225：95-103．

［123］Yang S，Saha A，Wu F，et al．Morphology and self-acceleration of expanding laminar flames with flame-front cellular instabilities［J］．Combustion and Flame，2016，171：112-118．

［124］Lapalme D，Lemaire R，Seers P．Assessment of the method for calculating the Lewis number of $H2/CO/CH_4$ mixtures and comparison with experimental results［J］．International Journal of Hydrogen Energy，2017，42(12)：8314-8328．

［125］Lapalme D，Halter F，Mounaïm-Rousselle C，et al．Characterization of thermodiffusive and hydrodynamic mechanisms on the cellular instability of syngas fuel blended with CH_4 or CO_2［J］．Combustion and Flame，2018，193：481-490．

［126］Vu T M，Park J，Kwon O B，et al．Effects of hydrocarbon addition on cellular instabilities in expanding syngas-air spherical premixed flames［J］．International Journal of Hydrogen Energy，2009，34(16)：6961-6969．

［127］Vu T M，Park J，Kim J S，et al．Experimental study on cellular instabilities in hydrocarbon/hydrogen/carbon monoxide-air premixed flames［J］．International Journal of Hydrogen Energy，2011，36(11)：6914-6924．

［128］Vu T M，Park J，Kwon O B，et al．Effects of diluents on cellular instabilities in outwardly propagating spherical syngas-air premixed flames［J］．International Journal of Hydrogen Energy，2010，35(8)：3868-3880．

［129］沈晓波.密闭空间内典型可燃气体层流动力学及其化学反应机理研究［D］.合肥:中国科学技术大学，2014．

［130］Lamoureux N，Djebayli-Chaumeix N，Paillard C E，et al．Laminar flame velocity determination for H_2-air-He-CO_2 mixtures using the spherical bomb method［J］．Experimental Thermal & Fluid

Science, 2003, 27(4): 385-393.

[131] Spalding D B. A Theory of inflammability limits and flame-quenching[J]. Proceedings of the Royal Society A Mathematical Physical & Engineering Sciences, 1957, 240(1220): 83-100.

[132] Bechtold J K, Matalon M. The dependence of the Markstein length on stoichiometry[J]. Combustion and Flame, 2001, 127(1): 1906-1913.

[133] Bradley D, Gaskell P H, Gu X J. Burning velocities, markstein lengths, and flame quenching for spherical methane-air flames: A computational study[J]. Combustion and Flame, 1996, 104 (1-2): 176-198.

[134] Bauwens C R L, Bergthorson J M, Dorofeev S B. Experimental investigation of spherical-flame acceleration in lean hydrogen-air mixtures[J]. International Journal of Hydrogen Energy, 2017, 42: 7691-7697.

[135] 李慧敏. 焦炉煤气的综合利用及其意义[J]. 山西化工, 2019, 39(2): 20-22.

[136] Musson L C, Ho P, Plimpton S J, et al. Reaction Design, Inc[J]. San Diego, CA, 2010.

[137] Frenklach M, Bowman T, Smith G. GRI-Mech 3.0. 2000[EB/OL]. http://www.me.berkeley.edu/gri-mech/index.html.

[138] Wang H, You X Q, Joshi A V, et al. USC Mech Version II. High-temperature combustion reaction model of $H_2/CO/C_1-C_4$ compounds[EB/OL]. http://ignis.usc.edu/USC_Mech_II.html, 2007.

[139] Metghalchi M, Keck J C. Burning velocities of mixtures of air with methanol, isooctane, and indolene at high pressure and temperature[J]. combustion and flame, 1982, 48: 191-210.

[140] Valera-Medina A, Xiao H, Owen-Jones M, et al. Ammonia for power[J]. Progress in Energy and Combustion Science, 2018, 69: 63-102.

[141] Strickland G. Ammonia as a hydrogen energy-storage medium[C]//DOE Thermal and Chemical Storage Annual Contractor's Review Meeting. 1981.

[142] Kojima Y. A green ammonia economy[C]//The 10th Annual NH_3 Fuel Conference, Sacramento. 2013.

[143] Morgan E, Manwell J, McGowan J. Wind-powered ammonia fuel production for remote islands: A case study[J]. Renewable Energy, 2014, 72: 51-61.

[144] Zamfirescu C, Dincer I. Ammonia as a green fuel and hydrogen source for vehicular applications [J]. Fuel processing technology, 2009, 90(5): 729-737.

[145] Poinsot T, Veynante D. Theoretical and numerical combustion, second edition[M]. R. T. Edwards, 2005.

[146] Pepce P, Calvin P. Influence of hydrodynamics and diffusion upon stability limits of laminar premixed flames[J]. Journal of Fluid Mechanics, 1982, 124: 219-237.

[147] Liu Q M, Chen X, Huang J X, et al. The characteristics of flame propagation in ammonia/oxygen mixtures[J]. Journal of Hazardous Materials, 2019, 363: 187-196.

[148] Liu Q M, Chen X, Shen Y, et al. Parameter extraction from spherically expanding flames

propagated in hydrogen/air mixtures[J]. International Journal of Hydrogen Energy, 2019, 44(2): 1227-1238.

[149] Zakaznov F Z, Kursheva L A, Felina Z I. Determination of normal flame velocity and critical diameter of flame extinction in ammonia-air mixture[J]. Combustion, Explosion, and Shock Waves, 1978, 14(6): 710-713.

[150] Ronney P D. Effect of chemistry and transport properties on near-limit flames at microgravity[J]. Combustion Science and Technology, 1988, 59(1/2/3): 123-141.

[151] Pfahl U J, Ross M C, Shepherd J E, et al. Flammability limits, ignition energy, and flame speeds in H_2-CH_4-NH_3-N_2O-O_2-N_2 mixtures[J]. Combustion and Flame, 2000, 123(1-2): 140-158.

[152] Takizawa K, Takahashi A, Tokuhashi K, et al. Burning velocity measurements of nitrogen-containing compounds[J]. Journal of Hazardous Materials, 2008, 155(1-2): 144-152.

[153] Li Y, Bi M, Li B, et al. Explosion behaviors of ammonia-air mixtures[J]. Combustion Science and Technology, 2018, 190(10): 1804-1816.

[154] Song Y, Hashemi H, Christensen J M, et al. Ammonia oxidation at high pressure and intermediate temperatures[J]. Fuel, 2016, 181: 358-365.

[155] Otomo J, Koshi M, Mitsumori T, et al. Chemical kinetic modeling of ammonia oxidation with improved reaction mechanism for ammonia/air and ammonia/hydrogen/air combustion[J]. International Journal of Hydrogen Energy, 2018, 43(5): 3004-3014.

[156] Li J, Huang H Y, Kobayashi N, et al. Study on using hydrogen and ammonia as fuels: Combustion characteristics and NO_x formation[J]. International Journal of Energy Research, 2014; 38: 1214-1223.

[157] Klippenstein S J, Harding L B, Glarborg P, et al. The role of NNH in NO formation and control [J]. Combustion and Flame, 2010, 158(4): 774-789.

[158] Miller J A, Bowman C T. Mechanism and modeling of nitrogen chemistry in combustion[J]. Pergamon, 1989, 15(4): 287-338.

[159] 张尊华. 乙醇及乙醇掺混燃料预混层燃烧特性研究[D]. 武汉:武汉理工大学,2012.

[160] Miller J A, Branch M C, Kee R J. A chemical kinetic model for the selective reduction of nitric oxide by ammonia[J]. Combustion and Flame, 1981, 43: 81-98.

[161] Glarborg P, Dam-Johansen K, Miller J A, et al. Modeling the thermal $DENO_x$ process in flow reactors. Surface effects and Nitrous Oxide formation[J]. International Journal of Chemical Kinetics, 1994, 26(4): 421-436.

[162] Miller J A, Glarborg P. Modelling the Formation of N_2O and NO_2 in the Thermal De-NO_x Process[J]. Springer Series in Chemical Physics, 1996, 61: 318-333.

[163] Miller J A, Glarborg P. Modeling the Thermal De-NO_x Process: Closing in on a final solution[J]. International Journal of Chemical Kinetics, 1999, 31(11): 757-765.

[164] Chen Z. Studies on the initiation, propagation, and extinction of premixed flames[D]. New Jersey: Princeton University, 2009.